Interior Decorating
Manual

软装设计师手册

（修订版）

简名敏（Jasmine Jean） 编著

凤凰出版传媒集团 | 凤凰空间
江苏人民出版社 | IFENGSPACE

传递室内设计之艺术观

　　粗略算起来，认识简老师已经有近 10 个年头了。10 年前，软装设计这个名词似乎还没有完全进入我们的生活。因此，当朋友介绍简老师的时候，只说她是个来自台湾的"设计师"。设计什么的呢？在某个特定的室内空间，选用什么样的窗帘，铺陈什么样的桌布，以及沙发上摆放什么样的靠垫，餐桌上摆放什么样的餐盘插花……

　　世界上竟然还有如此美好的职业！记得这是当时自己冒出的第一个念头。今天，我依然这样想。不过，当初的感叹是肤浅的，我只是将软装设计师视为纯粹仰赖个人兴趣的一项工作因而心生羡慕。现在依旧是同样的感慨，背后却深藏更多对于这份职业的敬佩：美好的室内环境不是靠钱就能堆砌出来的。一个优秀的软装设计师不仅要有相应的品位修养和足够的文化底蕴，更要怀揣一种态度，那就是对美好、健康的生活方式孜孜以求的心。

　　而且，在和简老师多年的交往之后我认识到，这份职业并不像其表面听起来的那么光鲜：大部分时间，软装设计师的生活是在不同的项目之间奔波，在满是尘土的工地上丈量勘查。更要紧的是，软装设计师要在个人审美和客户需求之间达成某种平衡，在坚持和妥协之间做抉择。

　　这个过程与其说是设计师和客户之间的讨论，不如说更多的是设计师对自身艺术观的一种传递，我想这也可能是简老师编撰此书的初衷。人们对美的认识，基于不同的文化背景和生活需要会存在巨大的差异。在不同的历史阶段，对于什么是美更会有截然不同的理解，再加上变幻莫测的趋势潮流，人是很容易在美当中迷失的。

　　当然，好的室内装饰不单单是美的，更应该是适用的：适用于使用者的生活和工作习惯，适用于使用者的经济状况，适用于使用者对未来的预期。

　　所以，我想一个成功的软装设计师一定是个多面手，拥有艺术家脱俗、灵动审美趣味的同时，也是脚踏实地精明自在的生活家。正如简老师自己的经历——10 多年前，当只身一人来到内地的时候她可能只有一个随身的行囊，现在却拥有了一个美好到让人舍不得离开的家和一家业务蒸蒸日上的设计公司。她是一双儿女眼中可爱的妈妈，是朋友眼中最懂生活、最有情调的挚交，而且还是一个成功的女老板。

　　更让人欣喜的是，简老师并没有止步于此。今天她所呈现在我们眼前的这本书，正是她从理论出发，经过多年的实践，然后再升华到理论的一个结果。从软装的历史到现实的运用，该书将软装设计所涉及的元素分门别类，逐一解读，且图文并茂，案例翔实。对于专业软装设计师来说，这无疑是一本需要常备在案头随手翻阅的工具书。而普通的读者通过阅读此书，也同样裨益良多：谁不想亲手营造一个更加美好的生活环境呢？

吴正

《上海日报》副主编

2011 年 5 月

序 PREFACE

In pursuit of a better lifestyle

When I got to know Jasmine Jean about ten years ago, interior decoration was still a novel idea for most. My understanding of her profession, interior decorator, was so shallow that I assumed the job was only about buying beautiful things to spruce up the interior environment.

As I got to know her, and her profession more, I realized that it is much more complicated than that. Interior decoration is a multi–faceted profession in which creative and technical solutions are applied to achieve a home lifestyle enhancement.

The interior decoration process follows a systematic and coordinated methodology, including research, analysis, and integration of knowledge into the creative process. An interior decorator like Jean has to travel a lot, work under stress to meet deadlines, stay on budget and meet clients' needs.

In many cases, communicating design ideas plays a key role in her job. The communication process is not very different from educating the clients, thus giving her the idea of compiling this book. The book is a comprehensive, well-organized, authoritative and handy tool for people in this trade. For common readers, it will also be a big pleasure to leaf through its many pictures to learn a few design ideas that might totally change your lifestyle.

Joyce Wu
deputy editor - in - chief, Shanghai Daily
May 2011

自序 PREFACE

多年前我是一名花艺设计师，在我的工作中，我可以从花艺出发，组合相关元素并延伸到一个空间设计中，直至发展到大型空间的整体环境设计。久而久之，客户发现我不仅可以做花艺的设计，还可以做规划空间、凝聚气氛的软装设计师。与此同时，在2000年左右，中国样板房的软装大放光彩，整个软装市场也活跃起来了，人们开始认识到"软装设计"和"软装设计师"的意义和价值。就是在这样的背景下，我从最初的花艺设计师转型成为了软装设计师。

在接下来10多年的日子里，我经历了中国软装行业从入门、初级到中高级的各个阶段。在成千上万次的设计挑战中，我给许多国际品牌做形象气氛设计以及橱窗的季节设计，给样板房以及会所、五星级酒店、山庄做软装设计配置，这些都让我积累了丰富的实战经验。随着经济的发展、房地产高峰的到来以及样板房的需求，许多设计师都希望进行专业的软装设计学习，但却苦于求学无门，更没有一本可供参考的软装设计工具书。因此，在许多学员和软装设计集团的邀请下，我结合多年的设计经验整理出了此本《软装设计师手册》。

原本出这样的一本书只是一个梦想，但最后却变成了一种使命。因为我发现在软装设计培训课程中，当我讲解得太过深奥、太过学术性的时候，学生会觉得非常茫然；当我安排学员课堂发问时，通常都是非常安静的。后来我开始尝试叙述软装的故事，以比较生活化的口吻来诠释，发现这种方法更易让学员理解和接受。在几经思考、总结之后，我终于发现原来的教学不够生活化。我了解到了学员的需求，做好软装教学应该从非常基础的细节操作事宜来着手。

关于此书，因其内容定位较为基础，所以我希望能够以最简明的方式让初学者学习，让已经有初步设计经验的人作为工具书参考。书中我们详细介绍了软装布置中所有元素的基础知识，这些元素包括用什么样的材质、色彩、内容或者是种类。家具、窗帘、布艺、床上用品、壁画、地毯、雕塑等装饰配件应有尽有，我们以此分门别类地在书中做了介绍，使读者能够按照年代的表格有次序地去翻阅，这是本书编写的一大特色。

本书虽不是最完整、精致的专业书籍，但却是我多年在中国软装设计的总结记录。在写作过程当中，我感谢给予我帮助的一些国际知名品牌，如法国Christofle公司、Baccarat公司、Yves Delorme公司；意大利Beby公司、Frette公司、Giorgio Collection公司；美国Baker公司以及中国达芬奇世界家具，等等。同时也要感谢出版社编辑给予我的支持，感谢国内各报章杂志、摄影师朋友、软饰供应商及和我并肩工作的同事们，因为有他们的帮助，这本书才能够诞生。

简名敏

2011年5月

I was a floral art designer for many years. In my work, I combined relevant elements based on floral art, projected to spatial design in order to accomplish an overall environmental character of large space. As time passed by, my clients found that more than conducting floral art design, I could also work on spatial planning and atmosphere thus de facto evolving towards interior decoration. Around the year 2000, the interior decoration of Chinese show flats flourished: the market was alive. People realised the significance and value of "interior decoration" and the relevance of "interior decorator". In this context, I evolved from a floral art designer into an interior decorator.

In the next decade, I experienced all stages of China's interior decoration industry evolution. In thousands of design challenges, I offered corporate image design to many international brands, seasonal design of shop windows for wedding organisation brands and, interior decoration design to show flats, clubs, five-star hotels and mountain resorts, thereby accumulating a rich practical experience. With the development of the market economy, the advent of the peak of real estate developments and the increase of demand for show flats, many designers were hoping to study professional interior decoration, only to find that there were neither training schools nor reference books. Therefore, at the invitation of many trainees and interior decoration design groups, I condensed my years of design experience into this Interior Decorating Manual.

Publishing such a book was originally just a dream, but eventually it became a mission. Would I have presented interior decoration training in such an obscure or academic way that those trainees would have lost interest? When I asked trainees to raise questions, they usually remained quiet. Therefore, I rapidly attempted to tell the histories of interior decoration and interpreted it in a casual manner, making the topic more understandable and attractive for trainees. After a lot of thinking and summarisation, I found out that my original teaching was still not casual enough. I thus tended to meet trainees' demands and realised that soft decoration teaching should start from a basic and detailed approach.

Considering the structure and the contents of the book, I hope beginners will read it the simplest way and those with primary design experience can use it as a reference handbook. Herein, I develop the basic knowledge of all elements of interior decoration, including texture, colour, content or variety. Decorative accessories such as furniture, curtain, fabric, bedding, fresco, carpet and sculpture are categorised to enable readers to browse through the book in a chronological order.

This is not necessarily the most comprehensive or subtle professional handbook, but a practical summary of my years of Chinese soft furnishing design. Hereby I would like to express my sincere appreciation to some world-famous brands for their support to the writing of this book, including Christofle, Baccarat and Yves Delorme of France; Beby, Frette, and Giorgio Collection of Italy; Baker of the USA and Da Vinci of China. Also, I want to express my profound gratitude to press editors, domestic newspapers and magazines, photographers, interior decoration suppliers and my colleagues. Owing to their help, this book could be published.

Jasmine Jean
May 2011

目录 CONTENT

第一章 装饰历史
History of Decorative Arts

（一）建筑的历史（Architecture History） | 012
（二）室内设计的历史（Interior Design History） | 015
（三）软装的历史（Soft Furnishing Design History） | 017

第二章 软装元素
Soft Furnishing Element

（一）功能性软装元素（Functional Soft Furnishing Element） | 022
    1. 家具（Furniture） | 022
    2. 布艺（Fabrics） | 027
    3. 灯具（Lamp） | 034
    4. 餐具（Tableware） | 036
    5. 镜子（Mirror） | 043
（二）修饰性软装元素（Decorative Soft Furnishing Element） | 045
    1. 装饰画（Decorative Painting） | 045
    2. 工艺品（Artware） | 050
    3. 装饰花艺（Flower Decoration） | 051
    4. 节日花艺（Festival Floral Decoration） | 059

第三章 软装设计
Soft Furnishing Design

（一）空间的功能性及装饰环境（Functionality and Ambience of Space） | 064

　　1. 空间的功能性（Functionality） | 064

　　2. 空间的装饰环境（Ambience） | 066

（二）软装风格（Soft Furnishing Style） | 067

　　1. 中式风格（Chinese Style） | 067

　　2. 地中海风格（Mediterranean Style） | 085

　　3. 东南亚风格（Southeast Asia Style） | 098

　　4. 欧式风格（Classic European Style） | 101

　　5. 日式风格（Japanese Style） | 112

　　6. 田园风格（Country Style） | 126

　　7. 新古典风格（Neoclassical Style） | 133

　　8. 摩登风格（Modern Style） | 154

　　9. 现代简约（Minimalist Style） | 166

目录 CONTENT

第四章 节庆装饰
Festive Furnishing

（一）节日装饰（Festive Furnishing） | 204
   1. 圣诞节（Christmas） | 204
   2. 春节（Spring Festival） | 207
（二）季节性室内装饰（Seasonal Furnishing） | 210
   1. 春季（Spring） | 210
   2. 夏季（Summer） | 213
   3. 秋季（Autumn） | 216
   4. 冬季（Winter） | 218

第五章 家具用品的保养与清洁
Maintenance and Cleaning of Furniture

（一）家具日常保养（Daily Maintenance of Furniture） | 222
    1. 不同材质的家具应该如何保养和清洁（How to Maintain and Clean Furniture of Various Materials） | 222
    2. 餐厅家具如何保养和清洁（How to Maintain and Clean Dining Room Furniture） | 222
（二）床上用品保养（Maintenance of Bedding） | 223
    1. 床上用品根据其不同材质应如何洗涤和储存（How to Wash and Reserve Bedding of Various Materials） | 223
    2. 填充芯类床上用品该如何保养（How to Keep Filled Bedding in Good Condition） | 223
    3. 床垫如何保养（How to Maintain Mattress） | 224
    4. 蚕丝被如何保养（How to Keep Silk Quilt in Good Condition） | 224
    5. 羽绒制品如何清洗和保养（How to Wash and Maintain Feather Down Products） | 225
    6. 羊毛、羊绒制品如何使用和保养（How to Use and Maintain Woolen Products and Cashmere Fabrics） | 225
    7. 慢回弹枕如何保养（How to Keep Elastic Pillows in Good Condition） | 225
    8. 天然乳胶枕如何使用和保养（How to Use and Maintain Pillows of Natural Emulsion） | 226
（三）其他用品的保养（Maintenance of Other Articles） | 226
    1. 壁纸如何保养和清洁（How to Maintain and Clean Wallpaper） | 226
    2. 不同材质的餐具如何使用和保养（How to Use and Maintain Tableware of Various Materials） | 226
    3. 装饰画悬挂的注意事项（Attention for Hanging Decorative Paintings） | 227

Chapter 1

第一章 装饰历史

History of Decorative Arts

软装饰艺术发源于现代欧洲，又称为装饰派艺术，也称"现代艺术"。它兴起于 20 世纪 20 年代，随着历史的发展和社会的不断进步，在新技术蓬勃发展的背景下，人们的审美意识普遍觉醒，装饰意识也日益强化。经过近 10 年的发展，于 20 世纪 30 年代形成了软装饰艺术。软装饰艺术的装饰图案一般呈几何形，或是由具象形式演化而成，所用材料丰富且贵重，除天然原料（如玉、银、象牙和水晶石等）外，也采用一些人造物质（如塑料，特别是酚醛材料、玻璃以及钢筋混凝土之类）。其装饰的典型主题有裸女、动物（尤其是鹿、羊）、太阳等，借鉴了美洲印第安人、埃及人和早期的古典主义艺术，体现出自然的启迪。出于各种原因，软装饰艺术在二战时不再流行，但从 20 世纪 60 年代后期开始再次引起人们的重视，并得以复兴。现阶段软装饰已经达到了比较成熟的程度。

　　在彰显个性的年代，家居的装饰风格也从 20 世纪 80 年代的宾馆型和 90 年代的豪华型向现在的简约型转变。从设计的角度讲，现在的家庭装饰设计也将从华而不实、缺乏实用性、一味追求观感和气派的形式主义向追求简洁、舒适、个性化、人性化的实用主义方向发展。所以说，要比较透彻地理解室内软装饰，就很有必要了解室内软装饰的发展历程。

（一）建筑的历史

Architecture History

建筑的本原是人类为了抵御自然气候的严酷而建造的"遮蔽所"，使室内的微气候适合人类的生存，同时也有防卫的功能。渐渐地，建筑开始满足人们从事社会交往和生产活动的需求，同时也考虑到人的生理和心理特征。可以这样讲，建筑是人类文明的载体，建筑的发展标志着人类文明的进程。从古至今，在世界各地，建筑无不被视为代表人类文明的里程碑。

风格 Style	时间 Period	特点 Characteristic	人文背景 Cultural Background	代表图片 Illustrating Picture
拜占庭式建筑风格 (Byzantine)	4~15世纪	●整体造型中心突出、色彩夺目。 ●体量高大的圆穹顶为整座建筑的构图中心。 ●创造了把穹顶支撑在独立方柱上的结构方法和与之相应的集中式建筑形制。	"拜占庭"原意是指古希腊的一个城堡，后来演变为一种风格的代名词。 ● 兴盛时期（4~6世纪）：按古罗马城来建设君士坦丁堡。 ● 中期（7~12世纪）：外敌相继入侵，国土缩小，规模大不如前。占地少而向高发展，中央大穹隆改为几个小穹隆群，并着重于装饰。 ● 后期（13~15世纪）：东征使拜占庭帝国大受损失。这时建筑不多，也没有新创造，在土耳其入主后大多破损无存。	 圣索菲亚大教堂（土耳其）
罗马建筑风格 (Romanesque)	10~12世纪	●厚实的砖石墙、狭小的窗口、半圆形拱券、逐层挑出的门框装饰和高大的塔楼。 ●采用半圆拱、十字拱等，用简化的古典柱式和细部装饰，采用扶壁以平衡沉重拱顶的横椎力。	● 罗马建筑是10~12世纪欧洲基督教流行的建筑风格，多见于修道院和教堂。对后来的哥特式建筑影响很大。 ●经过长期演变，逐渐用拱顶取代了初期基督教堂的木结构屋顶，对罗马拱券技术不断发展作出重大贡献，采用扶壁以平衡沉重拱顶的横椎力，后来又逐渐用骨架券代替厚拱顶。	 比萨主教堂建筑群（意大利）

风格 Style	时间 Period	特点 Characteristic	人文背景 Cultural Background	代表图片 Illustrating Picture
哥特式 建筑风格 (Gothic)	12~15 世纪	●尖塔高耸、尖形拱门、大窗户及花窗玻璃。 ●飞扶壁、修长的束柱营造出轻盈修长之感。 ●新的框架结构增加支撑顶部的力量，使建筑以直线条、雄伟的外观和教堂内的空阔空间产生一种浓厚的宗教气氛。	● 兴盛于中世纪中后期。由罗马式建筑发展而来，为文艺复兴建筑所继承。 ● 11 世纪下半叶起源于法国（早期），13~15 世纪流行于欧洲（中期），持续至 16 世纪被文艺复兴风格替代（晚期）。 ● 1820 年，哥特式装饰风格在内部装饰中复兴，主要见于天主教堂，也影响到世俗建筑。哥特式建筑以其高超的技术和艺术成就，在建筑史上占有重要地位。	 米兰大教堂（意大利）
巴洛克 建筑风格 (Baroque)	17~18 世纪	●外形自由，追求动态，喜好富丽的装饰和强烈的色彩。 ●常用椭圆形空间。造型柔和，运用曲线曲面，追求动感。	● 17~18 世纪在意大利文艺复兴建筑基础上发展起来的建筑和装饰风格。 ● 古典主义者认为它是离经叛道的建筑风格，但这种风格在反对僵化的古典形式、追求自由奔放的格调和表达世俗情趣等方面起到了重要作用。 ● 对城市广场、园林艺术以至文学艺术产生影响，巴洛克建筑从罗马发端后，不久即传遍欧洲，远达美洲。	 圣地亚哥大教堂（西班牙）
洛可可 建筑风格 (Rococo)	18 世纪	●华丽精巧、甜腻温柔、纷繁琐细而偏于繁琐。 ●室内应用明快的色彩和纤巧的装饰，家具也非常精致，追求华美和闲适。	● 18 世纪 20 年代产生于法国并流行于欧洲，是在巴洛克式建筑基础上发展起来的，主要表现在室内装饰上。 ● 1699 年，建筑师、装饰艺术家马尔列在金氏府邸的装饰设计中大量采用曲线形的贝壳纹样，由此而得名。 ● 洛可可风格反映了法国路易十五时代宫廷贵族的生活趣味，以欧洲封建贵族文化衰败为背景，表现了没落贵族阶层颓丧、浮华的审美理念和思想情绪。追求纤巧、精美、浮华、繁琐，别称为"路易十五式"。	 林德霍夫宫（德国）

风格 Style	时间 Period	特点 Characteristic	人文背景 Cultural Background	代表图片 Illustrating Picture
法国古典主义建筑风格 (French Classical)	17~18世纪初	●造型严谨，普遍应用古典柱式，内部装饰丰富多彩。代表作是规模巨大、造型雄伟的宫廷建筑和纪念性的广场建筑群。 ●强调轴线对称，注重比例，讲求主从关系。	● 法国在17~18世纪初的路易十三和路易十四专制王权极盛时期，开始崇尚古典主义建筑风格，建造了很多古典主义风格的建筑。 ● 巴黎在1671年设立了建筑学院，形成了崇尚古典形式的学院派。其建筑和教育体系一直延续到19世纪。有关建筑师的职业技巧和建筑构图艺术等观念，统治西欧的建筑事业达200多年。	 凡尔赛宫（法国）
浪漫主义建筑风格 (Romantic)	18世纪下半叶至19世纪下半叶	●浪漫主义在艺术上强调个性，提倡自然主义，主张用中世纪的艺术风格与学院派的古典主义艺术相抗衡。这种思潮在建筑上表现为追求超尘脱俗的趣味和异国情调。最著名的建筑作品是英国议会大厦、伦敦的圣吉尔斯教堂和曼彻斯特市政厅等。浪漫主义建筑的类别主要局限于教堂、大学、市政厅等中世纪旧有的类型。	● 18世纪下半叶到19世纪下半叶，欧美一些国家在文艺浪漫主义思潮影响下流行的建筑风格。 ● 18世纪60年代至19世纪30年代是第一阶段，出现了中世纪城堡式的府邸，甚至东方式建筑小品。 ● 19世纪30年代至70年代是第二阶段，已发展成一种建筑创作潮流，英国是浪漫主义的发源地，英国、德国、美国都较流行。	 伦敦圣吉尔斯教堂（英国）
折中主义建筑风格 (Eclecticism)	19世纪上半叶至20世纪初	●任意模仿历史上各种建筑风格或自由组合各种建筑形式。 ●不讲求固定法式，只讲求比例均衡，注重纯形式美。	● 19世纪上半叶至20世纪初，在欧美一些国家流行的建筑风格。 ● 折中主义建筑在19世纪中叶以法国最为典型，巴黎高等艺术学院是当时传播折中主义艺术和建筑的中心。而在19世纪末和20世纪初期，则以美国最为突出。	 巴黎歌剧院（法国）

（二）室内设计的历史

Interior Design History

虽说室内装饰是依附建筑设计发展而发展的，但千百年以来，室内设计的历史与风格也有它自己内部的发展机制，它与社会的发展息息相关，基本保持同步，也逐步形成了室内设计特有的艺术流派与风格。

罗马式（Roman Style）

古罗马共和制时代，罗马人好战，反映在文化艺术上却具有朴素、严谨的风格。公元 31 年皇帝时代以后，贵族开始了奢华的生活。当时的典型住宅为列柱式中庭，有前后一个庭院，前庭有大天窗的接待室，后庭为家属用的各个房间，中央作为祭祀祖先和家神之用。

中世纪初期，古罗马样式和地方特色相结合产生了罗马样式。11~12 世纪时，宗教建筑盛行，罗马样式由欧洲长方形会堂的教堂发展而来，加厚了罗马拱形建筑的墙壁，由建筑厚壁所产生的庄重美，以及因教堂建筑窗少、室内阴暗而造成的室内浮雕、雕塑的神秘感，是罗马式的主要艺术特色。罗马样式的家具风格不统一，反映了欧洲各国相互间的交流和影响。

欧洲哥特式（European Gothic）

欧洲哥特式产生于 12~13 世纪初，当时的新建宗教建筑室内以竖向排列的柱子、柱间尖形向上的细花格拱形洞口、窗口上部火焰形线脚装饰、亚麻布、卷蔓、螺形等纹样装饰来创造宗教至高无上的严肃、神秘气氛。14 世纪末，欧洲经济发展，室内装饰向造型华丽、色彩丰富明亮转变，同时配以模仿拱形线脚的家具。

欧洲文艺复兴样式（European Renaissance Style）

文艺复兴样式具有冲破中世纪装饰的封建性、闭锁性而重视人性的文化特征。将文化艺术的中心从宫殿移向民众，以及在对古希腊文化、古罗马文化再认识的基础上具有古典样式再生和充实的意义。文艺复兴开始于 14 世纪的意大利，15~16 世纪进入繁盛时期，又在欧洲各国逐步形成各自独特的样式。

意大利文艺复兴时期的家具多不露结构部件而强调表面雕饰，采用细密描绘的手法，具有丰裕、华丽的效果。

法国文艺复兴时期的室内和家具以技艺精湛的木雕饰为主要装饰手法。

英国的文艺复兴样式呈哥特式的特征，但随着住宅建筑的快速发展，室内工艺渐渐占据了主要位置。

欧洲巴洛克（European Baroque）

17世纪为欧洲巴洛克样式盛行的时代，是文艺复兴样式的变型时期。其艺术特征打破文艺复兴时代整体的造型形式，在运用直线的同时也强调线型流动变化，具有华美、厚重的效果。在室内，将绘画、雕刻、工艺集中于装饰和陈设艺术上，墙面装饰多以展示精美的法国壁毯为主，镶有大型镜面或大理石，以线脚重叠的贵重木材镶边板装饰。色彩华丽且用金色予以协调，直线与曲线协调处理的"动物爪"雕饰家具和其他各种装饰工艺手段的使用，构成室内庄重、奢华的气氛。

欧洲洛可可（European Rococo）

洛可可样式是继巴洛克样式之后在欧洲发展起来的样式，以其不均衡的、轻快纤细的曲线著称，并适时吸收了中国和印度的室内装饰品风格特征。"洛可可"一词源自法国宫廷园中用贝壳、岩石制作的假山"洛卡优"，意大利人误叫成"洛可可"而流传开来。造型装饰多运用贝壳的曲线、皱折和弯曲形进行表现，装饰极尽繁琐、华丽、色彩绚丽，加之对中国卷草纹样的大量运用，使其具有轻快、流动、向外扩展的突出特点。

如英国洛可可家具常常采用"动物爪"雕饰。雕饰多用贝壳形纹样，造型典雅优美。

美国殖民地时期风格（U.S. Colonial Style）

在美国独立之前，建筑和室内样式大多采用欧洲样式，这些由不同国家殖民者所建造的房屋样式称为"殖民地时期风格"。其主要是英国样式，是在英格兰洛可可样式基础上发展起来的。建筑样式也主要是英格兰式，但在入口处和壁炉、镜面壁板部分具有地方特色。

室内设计强调创造自由、明朗的气氛，室内家具具有洛可可的明显特征，椅子前脚为"动物爪"形，采用贝壳装饰。富裕之家以在室内放置几件东方家具为时尚。由于经济及工艺水平的原因，美国殖民地时期的室内装修及家具造型均在英国洛可可样式基础上予以简化。

古埃及风格（Ancient Egyptian Style）

古代埃及以农耕为主，相信神明和来世的埃及人用石头建造了大量神殿和王坟墓室。王坟墓室中四壁和天花大多布满壁画和装饰图案。墓葬品中有大量的家具出土，品种有扶手椅、折叠椅凳、床、桌、台等。椅的靠背、扶手、椅脚处大多施以彩色雕饰和金银镶嵌，家具的腿多用兽爪造型。家具的构造采用木条、木筋的连接办法，并已有楔等做法，反映出古埃及木工高超的水平。

印度古典样式（Indian Classical Style）

印度古典风格反映在佛教建筑中。几何纹样圆拱向上的天花、华丽的列柱、浮雕和半圆装饰的墙面、雕塑和壁画的结合等室内装修和陈列艺术皆显示了印度的古典风格样式，丰满、华丽、厚重、永恒、不惜人工的精巧雕饰为其突出的艺术特色。

日本古典样式（Japanese Classical Style）

日本的古代文化是受到中国文化的影响而发展起来的。古代住房有高基架和木结构，人们脱履而入，隋唐时代佛教传入日本时，唐风寺院兴建及高床建筑向寝殿建筑发展，成为室内推拉门扇分割空间、跪坐使用的和式建筑。

欧洲新艺术运动风格（Art Nouveau Style in Europe）

新艺术运动风格开始于 19 世纪 80 年代比利时的布鲁塞尔。比利时是欧洲发展最早的国家之一，工业制品的艺术质量问题在那里反映比较尖锐，新艺术运动的目的是解决建筑和工艺品的艺术风格问题。设计师竭力反对历史的形式，想创造一种前所未有的、能适应工业时代精神的简化装饰。新艺术运动的装饰主题是模仿自然界生长繁盛的草木形状和曲线，凡墙面、家具、栏杆及窗棂等装饰莫不如此。由于铁制材料便于制作各种曲线，因此室内装饰中大量应用了铁构件。

伊斯兰风格（Islamic Style）

伊斯兰建筑普遍使用拱券结构，拱券的样式富有装饰性。由于伊斯兰教礼拜时要面对位于南方的圣地麦加，故建筑空间多横向划分。其建筑装饰有两大特点：一是券和穹顶的多样化；二是运用大面积表面图案装饰外墙。券的形式有双圆心券、马蹄形券、火焰式券及花瓣形券等。涂绘装饰以深蓝、浅蓝两色为主。中亚及伊朗高原自然景色较荒芜枯燥，故人们喜用浓烈的色彩装饰。

（以上文字选自《室内设计资料集》）

（三）软装的历史
Soft Furnishing Design History

软装饰就是在居室中布置打扮、织物陈设的艺术，包括沙发、窗帘、床饰、帷布、壁饰挂件等室内所有的软体饰物。

所谓"软装饰"，是指装修完毕之后，利用那些易更换、易变动位置的饰物与家具，如窗帘、沙发套、靠垫、工艺台布及装饰工艺品、装饰铁艺等，对室内的二度陈设与布置。家居饰品，作为可移动的装修，更能体现主人的品位，是营造家居氛围的点睛之笔。它打破了传统的装修行业界限，将工艺品、纺织品、收藏品、灯具、花艺、植物等重新组合，形成一种新的装饰理念。

人们用"家居配饰"、"软装饰"等词汇去描述家居空间所要营造氛围的重要性，其实更为精确的一词应该叫做"家居陈设"。家居陈设是指在某个特定空间内将家具陈设、家居配饰、家居软装饰等元素通过完美设计手法将所要表达的空间意境呈现出来，进而满足人们的物质追求和精神追求。

风格 Style	时间 Period	特点 Characteristic	人文背景 Cultural Background	代表图片 Illustrating Picture
凡尔赛时期 Versailles Period	17世纪 路易十四 时期	●其设计核心是作为贵族的装饰艺术。 ●家具风格奢华，造型繁复。家具上的刻花具有历史的气息，比如桌腿上经常雕刻神话人物，镜框的侧面常被设想为实质性的雕塑。 ●装饰图案多源于17世纪的建筑、植物和动物，如月桂树、橡木、水果。路易十四时期又加入了一些热带植物，具有良好的装饰效果。	●凡尔赛时期，艺术家们用特殊的方式、知识和社交，在艺术设计各方面奠定了软装基调。凡尔赛宫廷贵族生活给予人们灵感，巧妙地推动了软装设计并由此细化出更多类型的软装类别，例如精心制作的镀金家具、高镜子、大理石镶板、寓意画等。	
洛可可时期 Rococo Period	18世纪初 路易十五 时期	●洛可可式的家具使用更为形象化的曲线，并应用于艺术设计的各种装饰之中，包括空间内部和外部。 ●装饰艺术摆脱了传统的丰满、感性形式，工艺中非对称的曲线设计在当时是突破性的。有一种运动感，反映的是洛可可推崇的主题。	●到了18世纪初与路易十四时期，巴洛克风格的华丽味道开始减弱，人们逐渐寻求较为宽松的生活方式。新的方式在设计和装饰效果中表现非常明显，重点是房间中的设置，要求使用更轻巧的家具，呈现更明显的优美线条。	
新古典 主义时期 Neoclassi- cism Period	18世纪 中叶路易 十六时期	●随着新古典主义的流行，曾经兴盛一时的曲线让位给了具有古希腊、古罗马时期风格的直线。 ●家具图案的雕花和镶嵌多运用韵律的节奏，使用桃花心木，采用金铜花卉装饰形式。 ●设计作品极其简单和优雅。	●洛可可影响法国较早，再次证明了法国设计至高无上的地位。到1754年，人们开始对上个世纪的古典理想进行反思，从艺术的视角重新审视古希腊和古罗马建筑，形成了新古典主义。这个时期贵族是最有能力的消费者，他们对于新古典主义的流行也起到了十分重要的作用。	

风格 Style	时间 Period	特点 Characteristic	人文背景 Cultural Background	代表图片 Illustrating Picture
帝国主义 时期 Imperialism Period	19世纪初	●家具制造中，雕刻设计继续应用。设计中不可避免地反映了皇室大规模的整修方案，然后利用这些特殊的设计，反过来又激发了做工精细、材料优良的传统设计观，更为注重细节的完善。 ●在豪华的室内装饰用纺织品是帝国风格的显著特点。有强烈图案的丝绸和天鹅绒材质席卷了室内的各个角落。	●当时与装饰艺术产生密切联系的首先是宫廷贵族。当时拿破仑希望获得军事霸权，这一举措也影响了装饰风格和设计。 ●埃及图案随着埃及军队的传播逐渐被广泛运用在古典设计中，反应了人们对古老文化的广泛关注。	
复古主义时期 Revivalism Period	19世纪中叶第二帝国时期	●第二帝国时期的设计形成一种非常正式的结构布局——玄关、客厅、起居室和大厅组成一个主要生活区。餐厅装饰更加繁富，起居室还能看到路易时期的复兴风格，同时也与卧室连接。 ●纺织品和垂饰窗帘布料等大面积使用。 ●装潢至上，大量填充家具出现，如低扶手椅等。	● 1848年至1870年，装饰艺术的主要趋势不只是体现在中产阶层和折中主义上，房间内部的装饰开始参照文艺复兴时期的风格，并逐步以隆重的方式发展，成为一种时尚。 ●设计师倡导完整的内饰设计，无疑具有惊人的独创性，使其重新熟悉形式和艺术。新的设计具有原创性，只有一小部分仍旧采用复古风格，并继续受到欢迎，尽管它们不再反映时代精神。	
装饰主义和 现代主义时期 Ornamentalism and Modernism Period	19~20世纪	●除了复古和创新的设计，装饰艺术与现代设计发展迅速。 ● 20世纪的装饰设计更加引人注目，注重整体感，通过空间、灯光、家具和室内陈设等因素组合体现。 ●新艺术运动的设计开始显现简单的线条形式和严格的设计比例。	●在舒适的复古风格与创新设计并存的前提下，实用艺术持续到了20世纪上半叶。此外，新艺术运动时期的几个主要设计者不断创造家具，并延续至室内装饰中，最终形成"装饰艺术风格"。	

Chapter 2

第二章 软装元素
Soft Furnishing Element

软装元素，作为可移动的装修，更能体现主人的品位，是营造家居氛围的点睛之笔。它打破了传统的装修行业界限，将纺织品、收藏品、灯具、花艺、植物等重新组合，形成一种新的装饰理念。软装可以根据居室空间的大小、形状以及主人的生活习惯、兴趣爱好和经济情况，从整体上综合策划装饰装修设计方案，体现主人的个性品位，而不会千家一面。如果家装太陈旧或过时需要改变时，也不必花费太多来重新装修或更换家具就能呈现出不同的面貌，给人以新鲜的感觉。

　　软装设计师，就是指对实现个性空间具有提案能力的专业人士。软装设计师需要掌握丰富的室内装饰材料和家居用品知识，并对这些产品进行有效选择、组合与协调。他同时还需具备生活的洞察力、空间的理解力、产品的选择力、空间的构成力以及空间的演示力等多种综合能力，构筑一个个完美的空间。

（一）功能性软装元素

Functional Soft Furnishing Element

1 家具
Furniture

家具是一种生活必需的元素，在人类社会活动中扮演着重要角色，它既是物质产品，又是艺术创作，是某一历史时期社会生产力发展水平的标志，是某种生活方式的缩影。就家具自身而言，它是没有感情的，但是，一旦家具与人们的生活发生联系，便成为人们表达情感的工具。在室内装饰设计中，家具的运用，就如同服装运用于人体，因为家具除了满足基本的生活起居的要求之外，还体现出居住环境的完整设计风格，反映出居住者的职业特征、审美趣味和文化素养。

"家具"并不是简单意义上的随意摆放，而是注重空间规划、布局以及功能使用等要求，以不同形式与风格体现室内的风格效果及艺术氛围。家具的选择关系到室内设计的整体效果，空间则通过室内陈设（家具）的"软环境"传递着设计师的设计主题及创作思想。以家具为主要途径展开的室内装饰设计，同时也体现出主人的独特品位和文化素养。

家具包括材料、结构、外观形式和功能4种因素，其中功能是先导，是推动家具发展的动力。任何一件家具都是为了一定的功能目的而设计制作的。

家具按功能分为客厅家具（包括起居室家具）、餐厅家具、书房家具、卧室家具（包括主人房家具、父母房家具、青少年房家具）等。

(1) 客厅家具（Living Room Furniture）

客厅家具注重"以人为本"的功能需求。它的色调既要与现代居室环境相协调，又要能体现出主人的性情和爱好，其本质是为了让家具适应人的生活而不是人来适应家具。

客厅氛围图

名称 Name	代表图片 Illustrating Picture
三人沙发 (Triple Sofa)	
贵妃榻 (Sofa Bed)	
陈列柜 (Displaying Cabinet)	
咖啡几 (Coffee Table)	
单人沙发 (Single Sofa)	
角几 (Side Table)	
玄关几 (Foyer Table)	
电视柜 (TV Cabinet)	

起居室相对于正式客厅而言，更倾向于作为家庭活动中心，是家人读书、休闲以及和来访客人亲密交谈的地方。家具也在无形中制造出一种和睦的居家气氛。

起居室氛围图

名称 Name	代表图片 Illustrating Picture
三人沙发 (Triple Sofa)	
单人沙发、脚蹬 (Single Sofa & Footrest)	
收藏柜 (Storage Cabinet)	
咖啡几 (Coffee Table)	

餐厅氛围图

(2) 餐厅家具（Dining Room Furniture）

餐厅是人们就餐的场所。餐厅家具的款式、色彩、质地等需要精心选择，因为用餐的舒适与否跟我们的食欲有很大的关系。餐厅家具要注意按风格进行处理，应配备餐饮柜，用以存放部分餐具、用品（如酒杯、起盖器等）、酒、饮料、餐巾纸等，如有可能还应该考虑设置临时存放食品用具（如饭锅、饮料罐等）的柜子。

名称 Name	代表图片 Illustrating Picture
餐桌 (Dining Table)	
餐边柜 (Dining Side Table)	
餐椅 (Dining Chair)	

名称 Name	代表图片 Illustrating Picture
三层边桌 (Three-tier Side Table)	
过道背几 (Corridor Table)	

(3) 书房家具（Study Furniture）

书房是阅读、书写及业余办公的场所。要求陈设精致，注重简洁、明净。书房家具从使用功能上主要分为书桌、座椅、角几、书柜等。

名称 Name	代表图片 Illustrating Picture
书桌 (Study Desk)	
座椅 (Chair)	

名称 Name	代表图片 Illustrating Picture
角几 (Side Table)	
书柜 (Bookcase)	

书房氛围图

(4) 卧室家具（Bedroom Furniture）

名称 Name	代表图片 Illustrating Picture
床 (Bed)	
梳妆台 (Vanity Table)	
梳妆椅 (Vanity Chair)	
床头柜 (Bedside Cabinet)	
床尾凳 (Bed Stool)	

卧室是所有房间最为私密的地方，也是最浪漫、最个性的地方，它不仅提供给我们一个舒适的安睡环境，还兼具储物的功能。卧室应具有安静、温馨的特征，室内物件的摆设都需要经过精心设计。

卧室家具主要包括床、梳妆台、衣柜、床头柜、床尾凳等。

① 主人房（Master Bedroom）

主人房氛围图

② 主卧衣帽间（Master Closet）

衣帽间的视觉冲击力是来自家具、照明灯等细节的全面展示。如条件允许可以独立设置一个私密性很好的步入式衣橱，衣服在这里展示的同时还不易磨损。

衣帽间的衣柜一般安装货架和轨道来存放衣服，既符合现实要求，又使更衣室具有戏剧性的视觉冲击效果。

在衣帽间中，将四面墙体利用起来做存储的功能，然后创建一个中央空间放置适当的座椅和小件家具。这些细节于整个空间而言是非常重要的组合。衣服可按照颜色、材质排列收纳。

如果主卧的空间面积不允许单独设立一个衣帽间，可以将衣柜设置在卧室的角落，再配置座位或小型家具，使室内产生属于主人自己的风格。

衣帽间氛围图

衣帽间氛围图

父母房氛围图

③父母房（Parents' Room）

名称 Name	代表图片 Illustrating Picture	名称 Name	代表图片 Illustrating Picture
床 (Bed)		床头柜 (Bedside Cabinet)	
衣柜 (Wardrobe)		床尾凳 (Bed Stool)	

青少年房氛围图

④青少年房（Youngster's Room）

名称 Name	代表图片 Illustrating Picture	名称 Name	代表图片 Illustrating Picture
床 (Bed)		边柜 (Side Table)	
衣柜 (Wardrobe)		床头柜 (Bedside Cabinet)	
单人沙发 (Single Sofa)		书桌 (Study Desk)	
脚蹬 (Footrest)			

2 布艺
Fabrics

要想营造温馨、舒适的空间，或者制作特定主题的样板间，布艺不可或缺，它是家居陈设中最重要的元素之一。伴随着人民生活水平的提高，单纯的功能性空间已满足不了人们的精神追求，布艺家具由此应运而生，它柔化了室内空间生硬的线条，赋予居室一种温馨的格调，或清新自然，或典雅华丽，或诗意浪漫。

布艺装饰按照功能划分，包括窗帘、床上用品和地毯等。

(1) 窗帘 (Window Curtains)

窗帘是点缀格调生活空间不可缺少的选择之一，是主人品位的展现，是生活空间的精灵。窗帘已与我们的空间并存，样式千变万化，广泛运用于任何用得到的地方。

窗帘样式选择首先应当考虑居室的整体效果，其次应当考虑窗帘的花色图案是否与居室相协调，然后再根据环境和季节权衡确定。此外，还应当考虑窗帘的式样和尺寸，小房间的窗帘应以比较简洁的式样为好，大居室则宜采用比较大方、气派、精致的式样。

窗帘的宽度尺寸，一般以两侧各比窗户宽出 10cm 左右为宜。底部应视窗帘式样而定，短式窗帘也应长于窗台底线 20cm 左右；落地窗帘，一般应距地面 2~3cm。真正体现特色、

彰显艺术品位还得靠窗帘布艺等软性装修，尤其是窗帘、布艺沙发、床上用品，它们的装饰性远远大于实用性，因此在挑选布艺时，时尚、漂亮应作为首要标准，配套定做是最保险的。

窗帘由帘体、辅料、配件三大部分组成。帘体包括窗幔、窗身和窗纱。窗幔是装饰窗不可或缺的部分，一般用与窗身相同的面料制作，款式上有平铺、打折、水波、综合等式样。辅料由窗樱、帐圈、饰带、花边、窗襟衬布等组成，配件有侧钩、绑带、窗钩、窗带、配重物等。窗帘按造型可分为罗马帘、卷帘、垂直帘和百页帘等。

①罗马帘 (Roman Blind)

罗马帘是比较适合安装在豪华居室的布艺帘，特别适合使用于装有大面积玻璃的观景窗。使用的面料较广，一般质地的面料都可做罗马帘。这种窗帘装饰效果很好，华丽、漂亮。

②卷帘 (Roller Blind)

卷帘简洁大方、花色较多、使用方便，还可遮阳、透气、防火，使用一段时间后取下来清洗也较为方便。其最大的特点是简洁，四周没有花里胡哨的装饰。卷帘的窗户上边有一个卷盒，使用时往下一拉即可，比较适合安装在书房、有电脑的房间和室内面积较小的居室。

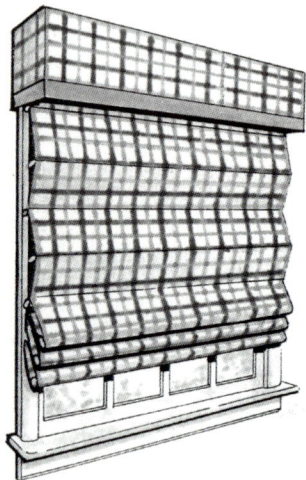

③垂直帘 (Vertical Blind)

垂直帘因叶片一片片垂直悬挂于轨上而得名，可左右自由调光达到遮阳的目的。根据材料的不同可分为 PVC 垂直帘、普通面料垂直帘、铝合金垂直帘；根据操作方式不同分为手动垂直帘、电动垂直帘；根据外观则可分为直路垂直帘和可弯垂直帘。

④百叶帘 (Blind)

百叶帘遮光效果好、透气强，更适宜安装在厨房内，可直接用水洗掉油污。百叶帘的可选颜色较多，已不再是单一的白色。

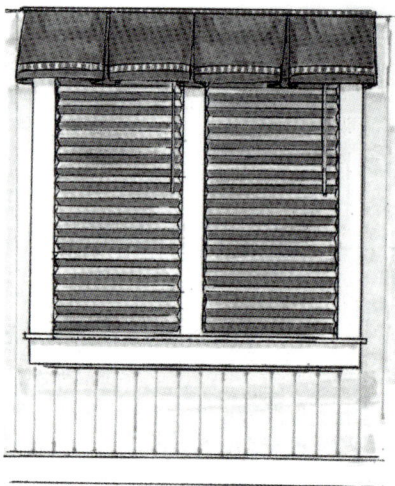

设计师重点提示：

如何定制你的窗帘：

●定制装饰织物的技术规范、尺寸要认真对待，任何宽度、长度都必须精确。

●就算每个窗户看起来大小一样，仍需一一单独测量。

●所有的测量都应该用钢尺或码尺。

●窗帘百褶要达到丰满效果，可采用3（布料宽度）：1（窗帘宽度）的比例，2.5（布料宽度）：1（窗帘宽度）的比例亦可。

名称 Name	代表图片 Illustrating Picture
窗帘帷幔 （Valance）	
层叠垂花饰 （Swags and Cascades）	
窗帘绑带 （Curtain Tie）	

(2) 床上用品 (Bedding)

卧室是最能体现生活素质的地方，而床又是卧室的视觉焦点，寝具(被套、床单、枕套)则被认为是另外一种服饰，它体现着主人的身份、修养和志趣等。

① 面料（Fabric）

床上用品的面料除了内在质量的要求外，还必须有很好的外观，面布的撕裂强度、耐磨性、吸湿性、手感都应较好，缩水率控制在 1% 以内。色牢度符合国家标准的布料都可以采用。

床上用品适用的面料有涤棉、纯棉、涤纶、晴纶、真丝、亚麻等，其中最常用的是涤棉和纯棉面料。

类型 Type	床尺寸 Bed Size	被套尺寸 Quilt Cover Size	床单尺寸 Sheet Size	枕套尺寸 Pillow Cover Size
单人床 (Single Bed)	2m×1.2m	160cm×200cm	200cm×230cm	48cm×74cm
普通双人床 (Twin Bed)	2m×1.5m	200cm×230cm	245cm×250cm	48cm×74cm
双人加大床 (Extra Twin Bed)	2m×1.8m	220cm×240cm	245cm×270cm	48cm×74cm

注：床上靠枕常规尺寸一般为：50cm ×50cm 或 60cm×60cm

品种 Variety	性能 Function	代表图片 Illustrating Picture
涤棉 (Polyester-cotton)	涤纶与棉的混纺织物。在干、湿情况下弹性和耐磨性都较好，尺寸稳定，缩水率小，具有挺拔、不易皱折、易洗、快干的特点，但容易吸附油污。	
纯棉 (Cotton)	是以棉花为原料，通过织机，由经纬纱纵横沉浮相互交织而成的纺织品。具有吸湿、保湿、耐热、耐碱、卫生等特点，但易皱、易缩水、易变形。	
涤纶 (Polyester)	涤纶是合成纤维中的一个重要品种，是我国聚酯纤维的商品名称。涤纶具有极优良的定形性能，其强度高、弹性好，耐热性和热稳定性在合成纤维织物中是最好的。涤纶表面光滑，内部分子排列紧密，耐磨、耐光、耐腐蚀，染色性较差，但色牢度好，不易褪色。	
晴纶 (Acrylic)	是聚丙烯腈纤维在我国的商品名。它的弹性较好，强度虽不及涤纶和尼龙，但比羊毛高 1~2.5 倍。耐热、耐光。	
真丝 (Silk)	一般指蚕丝，包括桑蚕丝、柞蚕丝、蓖麻蚕丝、木薯蚕丝等，是一种天然纤维。经过染织而成的各种色彩绚丽的丝绸面料，更易缝制加工成各种床上用品和室内装饰品及众多工艺美术品。具有舒适、吸湿性好、吸音、吸尘、耐热、抗紫外线的特点。	
亚麻 (Flax)	除合成纤维外，亚麻布是纺织品中最结实的一种。其纤维强度高，有着良好的着色性能，表面不像化纤和棉布那样平滑，具有生动的、凹凸纹理的材质美感。	

床上用品欣赏

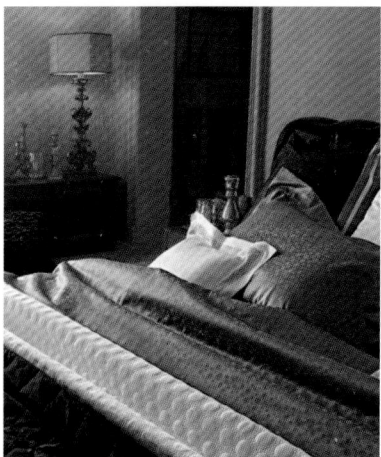

（FRETTE 品牌）

② 被芯（Quilt Inner）

床上用品中被芯类主要分为蚕丝系列、羽绒系列、羊毛系列和柔纤系列等。

a. 蚕丝系列（Silk）

蚕丝被的被芯采用传统手工工艺精制而成，从蚕茧开始经过选、剥、煮、扯、漂、晾六道工序制作而成。蚕丝色白而有光泽，手感柔和滑爽，富有弹力和伸力。制作蚕丝被时，由 4 人动手牵拉操作，相互交叉铺叠，丝缕清晰，一次成型。

蚕丝被芯蓬松、轻便、柔软、贴身，可长期使用，免翻拆，不板结，不变形。蚕丝被品种、规格齐全，重量从 500~2400g 都有，面料有缎纹真丝、提花真丝、全棉缎纹、全棉印花等，蚕丝的种类有 100% 桑蚕丝、100%柞蚕丝、50%柞蚕丝加 50%澳毛等，选择范围广泛。

b. 羽绒系列（Feather Down）

羽绒系列能在您睡眠时吸收身体散发出来的水蒸气，并将它排出体外，使您不会有潮湿的感觉，从而使人体维持在一种恒温的状态下，这种通风过程将使您体会到更加舒适的感觉。另外，羽绒的被芯还能保存大量的空气，就是这些空气起到了很好的隔热作用，使人体被自然热量包围，从而得到健康的休息。

c. 羊毛系列（Wool）

羊毛是天然动物毛，属于蛋白质纤维，有周期性卷曲，横截面为圆形，根部粗，梢部细，表面覆有鳞片。羊毛纤维具有良好的吸湿性，吸湿度可达自身重量的 40%，并自动散发到空气中，确保睡眠时湿度的平衡分解。羊毛纤维具有卓越的保暖性、透气性和回弹性，其耐火性极佳，不易点燃，即使着火，它燃烧释放的热量及火焰的温度也相对较低，容易扑灭，因此是理想的安全家居用品。

d. 柔纤系列 (Chemical Fiber)

柔纤系列是以中空纤维配以优质的全棉印花面料制作而成。所谓的中空纤维就是指经过高科技处理而制成的空心结构纤维。空心的结构能让您在睡眠中保持良好的透气性，它能充分储存空气，使保暖功能得到大大提升。如在被子的四角再加入薰衣草等植物香包（薰衣草是最能净化空气的植物之一），其独特的清香在一年四季都陪伴着您，使您的睡眠好像总停留在绚烂的春天，为您提供最健康温馨的保护。

③ 床垫（Mattress）

床垫按材质可分为羊毛床垫、珊瑚绒床垫、竹炭床垫等。

a. 羊毛床垫（Wool Mattress）

采用精梳全棉仿绒面料，填充物为 100%羊毛。优质的羊毛具有优异的吸湿性和排汗性。

b. 珊瑚绒床垫（Coral Velvet Mattress）

采用珊瑚绒面料，手感柔软、顺滑，透气性、吸湿性强，图形简洁美观，增添了床垫的舒适度和耐用性。特殊的面料肌理提供稳定的抓合力，从而起到有效的防滑作用。内部填充优质纤维，给睡眠中的您提供有力的支撑，软硬适中。

c. 竹炭床垫（Bamboo Charcoal Mattress）

竹炭是一种新型纤维，具有吸湿、除臭的功效，被誉为"现代家居的生态环保卫士"。该种床垫，面料选用浅灰色的精梳全棉，经济实用，功能性强。

④ 枕芯 (Pillow Inner)

枕芯按照材质不同可分为二合一枕、慢回弹枕、功能性纤维枕、绿茶枕、珍珠棉枕、乳胶枕系列等。

床上用品欣赏

（Yves Delorme 品牌）

a. 二合一枕（Combo Pillow）

面料采用精梳全棉，填充物为100%涤纶纤维。内芯为三层式设计，外层一面为超细纤维，另一面为珍珠棉，内层还有可随意抽取的超细纤维内芯，可随意调节枕芯的高度。枕芯正反两面都可使用，可根据个人喜好随意调节，一面可感受超细纤维的超柔性，另一面又能感受到珍珠棉的优异特性。

b. 慢回弹枕（Elastic Pillow）

慢回弹枕的设计经过了对人体颈椎生理曲线的体压测定和精密测量，平稳地担负起头颈部的承托任务，并维护人体正常的"S"形体态。结合优异的材料，完美地解决了头部下滑的问题，使头部嵌入枕中，让血液流通顺畅、呼吸通畅，防止低质量睡眠的发生。

c. 功能性纤维枕（Functional Fiber Pillow）

功能性纤维枕采用合理的科学设计，立体区域分割使枕芯内部填充物保持较好的稳定性。产品内部采用珍珠棉填充，依靠其良好的回弹性和支撑力给颈部及肩部有力的支撑。枕边的弧形设计完全符合人体工程学，帮肩膀和颈部减压，起到良好的理疗作用。

d. 绿茶枕（GreenTea Pillow）

采用独特的结构形式，将多种特性的填充物分割在不同的区域，带来多样的使用方式。枕芯周边采用珍珠棉填充，依靠其良好的支撑力可以给颈部有力的撑托；中间部分采用优良的多孔纤维填充，舒适、透气、透湿性强。此类枕芯还可以根据自己的喜好装入不同种类的中草药，具有安神、定气的作用。

e. 珍珠棉枕（Pearl Cotton Pillow）

珍珠棉是将中空纤维经进口填充料设备梳理后，呈珍珠球状的特殊纤维。珍珠棉枕手感蓬松、柔软，可防潮，无异味，不会引起过敏反应，透气性强，可以很好地保留空气，因此具有良好的保暖作用，不仅触感有按摩效果，其独特的立体外观也会令人赏心悦目。

f. 乳胶枕（Latex Pillow）

乳胶是橡胶树上流出的一种奶白色液体，最早被西班牙征服者发现，将其命名为"树的泪水"。乳胶主要生产于东南亚、南美洲及非洲，因其纯天然、抑菌、细腻的特性被广泛使用到婴儿奶嘴、医用手套等卫生领域。乳胶枕采用天然乳胶，经真空发泡成型，浑然一体，如罗卡芙乳胶枕就具有柔软、耐磨的特性，永不板结，永无压扁或凹陷现象，其独特的针芯式设计使之具有良好的透气性，枕眠后倍感舒适。

⑤**靠枕 (Back Cushion)**

靠枕是卧室内不可缺少的织物制品，使用舒适并具有其他物品不可替代的装饰作用。因靠枕使用方便、灵活，便于人们用于各种场合，尤其在卧床和沙发上被广泛采用。将其放在地毯上，还可以用来当做座垫。

靠枕能活跃和调节卧室的环境气氛，装饰效果较为突出，通过其色彩及质地、面料与周围环境对比，能使室内家具陈设的艺术效果更加丰富。

靠枕的形状可随意设计，多为方形、圆形和椭圆形，还可以将靠枕做成动物、人物、水果及其他有趣的形象，样式上也可参照卧室内床罩或沙发的样式制作，甚至可以独立成章。

靠枕欣赏

地毯欣赏

(3) 地毯 (Carpet)

　　最初，地毯仅用来铺地，起御寒而利于坐卧的作用，后来由于民族文化的陶冶和手工技艺的发展，逐步发展成为一种高级的装饰品，既具隔热、防潮、舒适等功能，也有高贵、华丽、美观、悦目的观赏效果。

　　地毯按照材质可分为纯毛地毯、混纺地毯、化纤地毯、塑料地毯和草织类地毯等。

品种 Variety	性能 Function	代表图片 Illustrating Picture
纯毛地毯 （Wool Carpet）	多用于高级住宅的装饰，价格较贵。纯毛地毯抗静电性能好，保湿性好，不易老化、磨损、褪色，但它的抗潮湿性较差，而且易发霉蛀虫。	
混纺地毯 （Blending Carpet）	由纯毛地毯中加入一定比例的化学纤维制成，在花色、质地、手感等方面与纯毛地毯差别不大。装饰性能不亚于纯毛地毯，且克服了纯毛地毯不耐虫蛀的缺点，同时提高了耐磨性，有吸音、保温、弹性好、脚感好等特点，价格适中。	
化纤地毯 （Chemical Fiber Carpet）	化纤地毯也称合成纤维地毯，价廉物美，经济实用，具有防燃、防污、防虫蛀的特点，清洗和维护都很方便，且质量轻、色彩鲜艳、铺设简便。缺点是不具备羊毛地毯的弹性和抗静电性能，易吸积尘，保暖性能较差。	
塑料地毯 （Plastic Carpet）	由聚氯乙烯树脂等材料制成，质地较薄、手感硬，受气温的影响大，易老化，但色泽鲜艳，耐湿性、耐腐蚀性、可擦洗性较好，且具有阻燃性和价格低的优势。	
草织类地毯 （Grass Woven Carpet）	具有浓郁的乡土气息，价廉物美，夏季铺设感觉清新凉爽，但不易保养，容易积灰，经常下雨的潮湿地区不宜使用。	
剑麻地毯 （Hemp Carpet）	是从 5~7 年生长的龙舌兰植物厚实叶片中抽取的，有易纺织、色泽洁白、质地坚韧、强力大、耐酸碱、耐腐蚀、不易打滑的特点。剑麻地毯是一种全天然的产品，它含水份，可随环境变化而吸湿或放出水份来调节环境及空气湿度，它还具有节能、可降解、防虫蛀、防火、防静电、高弹性、吸音隔热、难磨损的优点。	

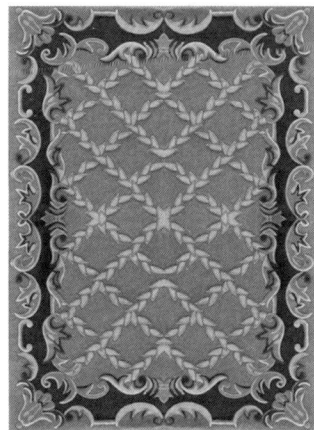

地毯欣赏

3 灯具
Lamp

灯具是家居的眼睛，家庭中如果没有灯具，就像人没有眼睛一样，只能生活在黑暗中，可见灯在家庭中的重要性。如今人们将照明的灯具叫作灯饰，从称谓上就可以看出，灯具的功能逐渐由最初单一的实用性变为实用性和装饰性相结合。

灯具的选择往往是装饰中的难题，现代灯具的造型虽千变万化，却离不开仿古、创新和实用三类。灯具的色彩要与房间的色彩相协调。因为灯具本身发光，其色彩就更引人注目，以色光加重室内某种色彩，这是比较高级的装饰手段。要根据自己的艺术情趣和居室条件来选择灯具。

灯具按照造型可分为吊灯、吸顶灯、落地灯、壁灯、台灯、工艺蜡烛等。

(1) 吊灯（Chandelier）

吊灯适合装饰在客厅。吊灯的花样最多，常用的有欧式烛台吊灯、中式吊灯、水晶吊灯、羊皮纸吊灯、时尚吊灯等。用于居室的分单头吊灯和多头吊灯两种，前者多用于卧室、餐厅；后者宜装在客厅里。吊灯的安装高度，其最低点离地面应不低于 2.2m。

(2) 吸顶灯 (Ceiling Lamp)

吸顶灯常用的有方罩吸顶灯、圆球吸顶灯、半圆球吸顶灯、半扁球吸顶灯、小长方罩吸顶灯等。吸顶灯适合于客厅、卧室、厨房、卫生间等处照明。可直接装在天花板上，安装简易，款式简单大方，赋予空间清朗明快的感觉。

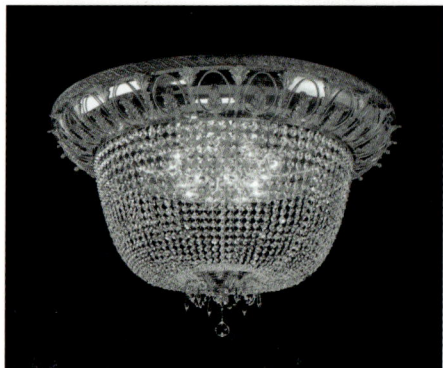

(3) 落地灯 (Floor Lamp)

落地灯常用作局部照明，强调移动的便利，对于角落气氛的营造十分实用。落地灯的采光方式若是直接向下投射的，就非常适合阅读等需要集中精神的活动；若是间接照明，则可以调整整体的光线变化。落地灯的灯罩下方应离地面 1.8m 以上。

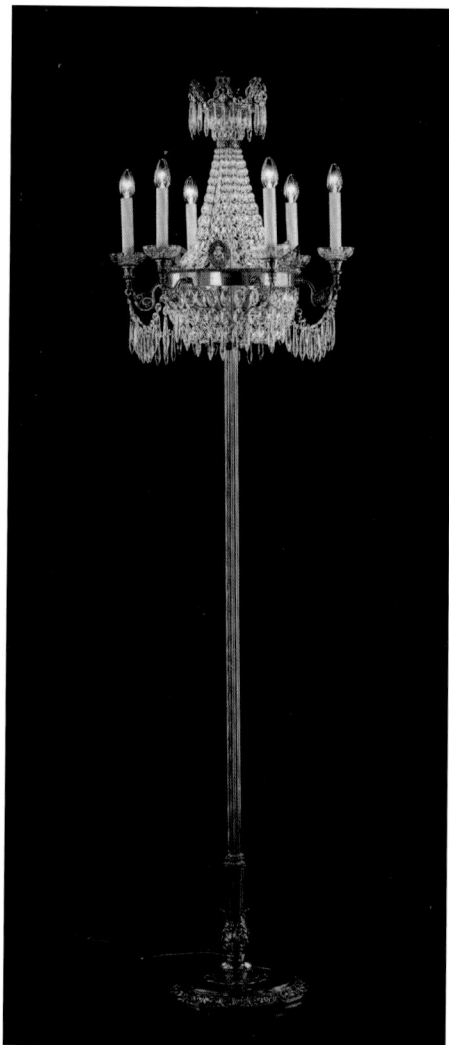

其灯泡离地面应不低于 1.8m。

(5) 台灯 (Table lamp)

台灯是生活中用来照明的一种家用电器，主要是把灯光集中在一小块区域内，集中光线，便于工作和学习。

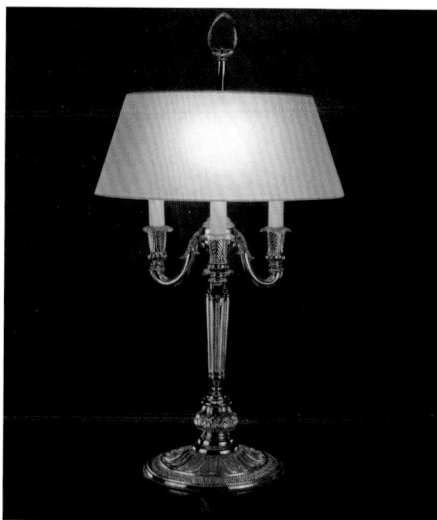

(6) 工艺蜡烛 (Craft Candle)

工艺蜡烛配合烛台，能够烘托出别样的风情。蜡烛的形状和颜色多样，在使用时比较讲究，比如挤压圆柱蜡，一般放置在浴室或厨房，与蜡烛托盘配合使用。

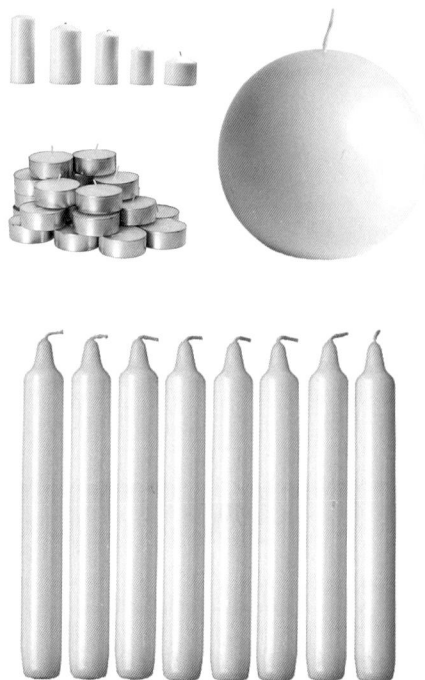

烛火总是给人温馨浪漫的想象。在烛光摇曳之间，气氛也变得温情浪漫，烛台则是点睛之笔，烛台按照材质可以分为玻璃烛台、铝制烛台、陶制烛台、不锈钢烛台、铁制烛台、铜质烛台、锡制烛台、木质烛台等。

(4) 壁灯 (Wall Lamp)

壁灯适合于卧室、卫生间照明。常用的有双头玉兰壁灯、双头橄榄壁灯、双头鼓形壁灯、双头花边杯壁灯、玉柱壁灯、镜前壁灯等。壁灯的安装高度，

餐桌风格欣赏

欧式餐桌

地中海式餐桌

东南亚式餐桌

中式餐桌

美式餐桌

现代简约餐桌

主题餐桌装饰赏析——金色年华

餐盘为核心装饰，能增加桌面气氛，也能使食物较好摆放，看起来较为清爽。

如能在宴客前加上一条实用餐巾及花朵的装饰（花朵可加简单缎带，作为礼物送给客人别在胸前），可加强用餐的正式程度和气派感。

组合 3~6 支金色华贵的铜烛台，强化及延伸桌面的奢华效果，同系列色彩的干燥香花可烘托水平桌面，未送菜前的激情作品，气味芬芳、赏心悦目。

图中的二盘重叠放置可用于较隆重的家宴，使用完一道菜后将盘移开，再上另一道菜置于底套盘上，如此可保持整个桌面的完整度和美感。

考虑到烛光的重叠，在每个用餐位置加3 支巧克力蜡烛，除增添气氛外也使客人有备受重视的感觉。

主题餐桌装饰赏析——"设计师的派对"

名家糖罐、醒酒器和开瓶器，这么小的壶可做什么呢？可放浓茶、咖啡或牛奶，客人依浓淡喜好随性加水调制饮用！

如果您选择接待客人的时间是午茶或晚餐后，不妨以趣味性的方式，将自己收藏的设计感强或个性化，或品牌的摆设拿出来，另设一个有趣的话题和朋友分享，也是一种宴客方式。这样可以和好友在您精心布置的氛围中分享生活情趣！

个性化的桌面摆设了 ALESS 的糖果罐、开瓶器，陈逸飞的雕塑石头，整体银色玻璃及不锈钢系列的餐具，桌面、窗帘、灯光、烛台、四度空间的系统材质体现完整感。

现代的咖啡茶杯，除品茶的功能外亦可转换作为放布丁、点心的器皿，高脚杯可调鸡尾酒、果汁、香槟或沙拉，非常时尚。

每位客人的桌面都有创意、个性的欣赏性器皿和三角形的醒酒瓶，三角形不锈钢蛋糕盘、刀叉等，在另一角落则用三叉黑色烛台与红石头对比，形成桌面另一抢眼色彩。

如水晶般华贵的冰刨型沙滩烛台气势冷艳。

水草球、小型银器烛光，细致地体现主人与客人精心分享的喜悦与浪漫。

5 镜子
Mirror

在家庭装饰中，镜子具有实用性和装饰性的双重效果，因此，运用镜子是室内装饰的常用手法之一。

房屋装修、装饰的时候，在合适的地方挂一面镜子，能获得不错的效果。无论是走廊或客厅、婴儿房或浴室，一面镜子除了能让房间更漂亮，还会使房间看起来更加开阔和宽敞。

(1) 浴室镜子（Bathroom Mirror）

在浴室放镜子是常见的。在某个框架内或直接在墙上安装一面大小合适的镜子可方便剃须和化妆。如果空间足够大，还可以尝试在水槽墙上镜子的对面安装一个带可调臂的大镜子，这样就可以轻易看到自己的身后。如果浴室非常小，可以考虑在浴缸上面挂一面带框架的镜子，让浴室显得更加宽敞。

(2) 卧室镜子 (Bedroom Mirror)

在卧室里安装一面大镜子是必须的！可以挂在大面积的墙上，或卧室门上，或嵌在橱柜门上，整理衣服更为方便。要确保镜子前面的空间够大，以便能在充分反射的条件下照到全身，如太靠近镜面，视线就会受到影响。

镜子造型欣赏

(3) 玄关镜子（Entrance Mirror）

在前门附近安装一面镜子是个不错的设想，如果镜子下方再有一个玄关桌就更好了，女主人可以在出门之前检查一下妆容。玄关桌便于进家门时放置钥匙或包等小物件。如果镜子旁能放置一盆鲜花，那效果就更好了！

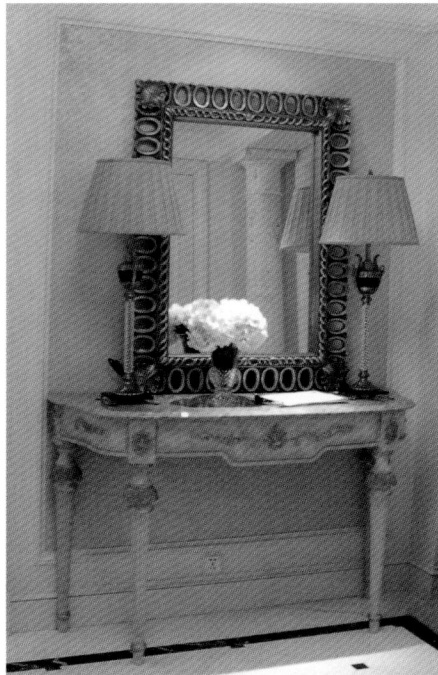

(4) 壁炉上方的镜子 (Mirror Above the Fireplace)

如果有壁炉的话，在上面放面镜子，可以增加温馨的气氛，因为它可以反射房间里的活动。还可以在壁炉侧边安装一面镜子，使房间感觉更开阔。

(5) 餐柜上的镜子（Dining Hall Mirror）

在餐厅的餐柜上放一面镜子，如果是招待客人，镜子将反射各色各样让人垂涎欲滴的菜肴，效果非常不错。

(6) 较长门厅走廊里的镜子 (Corridor Mirror)

一面关键性的镜子可以反射任何光线，所以在较暗、较窄的门厅或走廊里安装镜子，会让门厅或走廊更为开阔敞亮。

（二）修饰性软装元素
Decorative Soft Furnishing Element

1 装饰画
Decorative Painting

无论是设计师还是房主，要想在刚装修完的室内配上几幅既能与装修风格相映生辉，又能体现房主品位的装饰画不是一件容易的事。

装饰画作为家居饰品并不是必需的，但若搭配不当，则会影响整个装饰设计风格和室内整体的协调性。现在的装饰画种类很多，在室内装饰中起到很重要的作用。装饰画没有好坏之分，只有适合与不适合。画的风格要根据装修和主体家具风格而定，同一环境中的画风最好一致，不要有大的冲突，否则就会让人感到杂乱和不适，比如将国画与现代抽象绘画同室而居，就会显得不伦不类。

画的图案和样式代表了主人的私人视角，所以选什么并不重要，重要的是尽量和空间功能吻合，比如客厅最好选择大气的画，图案最好是唯美风景、静物和人物，抽象的现代派也不错。过于私人化和艺术化的作品并不适合这个空间，因为它是曝光率最高的场所，建议还是保守些为好。卧室等纯私密的空间就可以随意发挥了，但要注意不要选择风格太强烈的装饰画。

画的尺寸要根据房间特征和主体家具的大小来定，比如客厅里画的高度在50~80cm 为宜，长度则要根据墙面或主体家具的长度而定，一般不宜小于主体家具的 2/3，如沙发长 2m，画的整体长度应在 1.4m 左右；比较小的厨房、卫生间等，可以选择高度 30cm 左右的小装饰画。如果墙面空间足够，又想突出艺术效果，最好选择大幅画，这样效果会更突出。

装饰画按照种类大致可分为：中国字、画，西洋油画，摄影画，工艺画，壁纸等。

(1) 中国字、画 (Chinese Calligraph and Painting)

中国字、画的形式多样，有横、直、方、圆和扁形，也有大小长短之分，可写在纸、绢、帛、扇、陶瓷、碗碟、镜屏等物之上。字、画在内容和艺术创作上反映了中华民族的民族意识和审美情趣，强调"外师造化，中得心源"，融化物我，创制意境，要求"意存笔先，画尽意在"，达到以形写神、形神兼备、气韵生动之效。由于书、画同源，两者在抒情达意上都强调骨法用笔，因此绘画同书法、篆刻相互影响，相互促进。近现代的中国画在继承传统和吸收外来技法上，有新的突破和发展。

潘天寿《雁荡山花》

中国字、画具有清雅古逸、端庄含蓄的特点，在中式风格的室内装修设计中摆放恰到好处，体现了庄重和优雅的双重品质。

适合的配画题材有人物画、花鸟静物画、风景画等。

(2) 西洋油画 (Western Oil Painting)

区别于中国传统绘画体系的西方绘画，注重写实，以透视和明暗方法表现物象的体积、质感和空间感，并要求表现物体在光源照射下呈现一定的色彩效果。西洋画题材大多以人、物为主。

达·芬奇《蒙娜丽莎的微笑》

欧式古典风格的室内装饰空间，色彩凝重、装饰华丽，适合配以西洋油画装饰墙面。西洋油画一般配以精致、华丽的画框。

(3) 摄影画 (Photography Art)

摄影画是近代出现的一种装饰画风格。画面有"具象"和"抽象"两种形式，搭配的相框造型一般较为简洁。主人可以将自己或家人的照片制作成摄影画，也可使用喜欢的摄影图片。

摄影画的应用较为普遍，可根据画面内容的不同而摆放在风格迥异的室内空间中。画框可华丽、可简单，也可不用画框或制作成一组。

(4) 工艺画 (Handicraft Picture)

工艺画是用各种材料，通过拼贴、镶嵌、彩绘等工艺制成的图画，是相对独立的工艺品。

工艺画在室内软装中使用频繁，可根据不同的室内装饰风格选择不同的工艺画进行装饰。

装饰画欣赏

(5) 壁纸（Wallpaper）

壁纸又称墙纸，是一种用于装饰墙壁的特殊加工纸张，它就像是家居墙面的礼服，让整个家都充满生动活泼的表情，尤其是个性化和高品质的装修，新型壁纸在质感、装饰效果和实用性上，都有着内墙涂料难以达到的效果。据国外的专家预测，在今后的20~50年内，壁纸仍将是室内装饰的主要材料。装饰壁纸时，颜色应与家具、饰品协调统一，图案自然清新。现代的壁纸早已不再是锦上添花的陪衬，而是风格的象征，甚至可以奠定空间的整体基调。不同材质、图案的壁纸，适用的空间和配饰都不尽相同，如何恰到好处地营造氛围，需要对它做一些深度解读。

壁纸具有时尚、设计独特、形象逼真、工艺精湛、提升装修档次等诸多优点。它能快捷地改变墙面风格与气氛，使环境变得生动丰富。

壁纸的特点：

①**装饰效果强。** 壁纸的花色、图案种类繁多，选择余地大，装饰后效果经常绚丽多彩。

②**使用安全。** 壁纸无毒、无污染，具有吸声、防霉、防菌、阻燃、防火等功能，可使用5~8年。

③**应用范围较广。** 壁纸体现个性、时尚装饰，与窗帘一起构成家居整体软装的重要部分，易于提升居室品位和档次。

壁纸根据风格不同可划分为田园风格壁纸、现代风格壁纸、中式风格壁纸、韩式风格壁纸、日式风格壁纸、欧美风格壁纸等。

设计师重点提示：

壁纸颜色搭配：

●客厅。在客厅使用花朵图案的壁纸，其实是颇为大胆的尝试，为了不致减弱客厅原本具有的大气、稳重感觉，壁纸的底色应以中性偏冷色为宜，这样才不会因过于柔美而显得轻飘。

●卧室、书房。卧室和书房属于相对私人的区域，面积一般不会太大，这里的基调全凭个人喜好而定。如果是安静、内敛的性情，典雅的壁纸无疑是明智选择，在淡雅、舒缓的环境里，也利于放松身心。为了避免图案带来的凌乱感，也可以采用局部拼贴的方式。

●浴室。一间舒适的浴室，对我们具有长久吸引的魔力。魔力的根源除选用优质沐浴用品之外，氛围的渲染同样重要。瓷砖、马赛克固然色泽光鲜，但如果把原本只在客厅使用的壁纸移花接木过来，冰冷的空间立刻就会充满温情，富有层次的变化，有益平复快节奏生活下焦躁的情绪。

卫浴里即使有壁纸作为整体烘托，瓷砖或马赛克依然是不可或缺的材料。为了避免小空间里的视觉干扰，壁纸与瓷砖的颜色应统一在相近色系里，或者二者有相同的色块呼应，使差别较大的材料能够自然地衔接。

用浴缸上方的罗马帘与壁纸呼应，也是讨巧的做法。普通的白色浴室在花朵映衬下，似乎有灵性在水流下暗涌。

防水壁纸的表层附有压膜，一般的水渍都不会留下印记，但是防水性能再好，也要做好卫浴里干、湿区的分离设计。用瓷砖或马赛克单独辟出盥洗、淋浴区域，安放坐便器和储物的空间周围则可使用壁纸装饰。

风格 Style	性能 Function	代表图片 Illustrating Picture
田园风格壁纸 （Pastoral Style Wallpaper）	重在对自然的表现，室内环境中力求表现悠闲、舒畅、自然的田园生活情趣。主要以浅米色碎花图案为主。	
现代风格壁纸 （Modern Style Wallpaper）	最大特点是简洁、明了，摒弃了许多不必要的附加装饰，以平面构成、色彩构成、立体构成为基础进行设计。色彩经常以棕色系列（浅茶色、棕色、象牙色）或灰色系列（白色、灰色、黑色）等中间色为基调色，其中白色最能表现现代风格的简单。善于使用非常强烈的对比色彩效果，创造出特立独行的个人风格。	
中式风格壁纸 （Chinese Style Wallpaper）	融合了庄重与优雅的双重气质，将传统图案通过重新设计组合后以民族特色的标志符号出现，风格内蕴，颜色古朴。通过中式风格的特征，充分体现出中国传统美学精神。图案主要为中国传统图案，例如祥云、书法字体等。	

小贴士：

●厨房。面积较大的厨房可以空出一边墙面完全用壁纸装饰，烹饪时的辛劳，就在这样的"奢侈"里得到释放。

无论碎花还是水果等图案，都能与这一空间很好地应和，壁纸由内而外散发出的自然气息，令厨房里忙碌的操作轻松不少。不过，现代简约的不锈钢橱柜显然与之格格不入，我们推荐木制欧式橱柜，最好还有做旧的纹理，才能平衡整个空间的基调。

厨房里应选择防水性、透气性好的壁纸，纸面、胶面比布面或天然材质的壁纸更为耐用。

品种 Variety	性能 Function	代表图片 Illustrating Picture
韩式风格壁纸 （Korean Style Wallpaper）	代表了唯美、自然的格调和生活方式。多用含蓄淡雅的色调，偏爱带有现代感的、花朵图案的淡雅壁纸，它与线条柔美的白色家具很和谐。壁纸要有浅浅的底色，这样容易与整体环境统一融合。	
日式风格壁纸 （Japanese Style Wallpaper）	样式沉静，总能让人静静地思考，禅意无穷。与大自然融为一体，为室内带来无限生机，选材上也特别注重自然质感，与大自然亲切交流，其乐融融。	
欧美风格壁纸 （European and American Style Wallpaper）	图案强调线形流动的变化，色彩华丽。通过完美的曲线、精益求精的细节处理，给人带来无尽的舒适触感。可以选择一些较有特色的墙纸来装饰房间，比如画有圣经故事以及人物等内容的墙纸就是很典型的欧式风格。	

壁纸欣赏

2 工艺品
Artware

小贴士:

工艺品在室内家具中的摆放艺术：

如果你有一套漂亮的房子和一套新颖的家具，应该已经够满意了，但如果总给人感觉缺少些什么，那缺的就一定是生机和情趣。在居室内放置几件艺术品就能改变这种局面了。那么，家居艺术品该如何摆放呢？

●家居摆放艺术品要从居室的大布局出发，根据住房条件来定。要力求立体与背景统一，错落与布局协调，色彩与气氛一致，量感与质感均衡。如果摆放的是老家具，点缀的艺术品可选购几件造型古朴、色彩浓重的；现代家具可配饰几件有现代特色的艺术品。

●工艺品的选择要从室内设计的需要出发，要与整个室内装修的风格相协调，要能够鲜明体现设计主题。不同种类的工艺品在摆放陈列时，要特别注意将其摆放在适宜的位置，而且不宜过多、过滥，只有摆放得当、恰到好处，才能拥有良好的装饰效果。

●一些较大型的反映主题的工艺品，应放在较为突出的视觉中心位置，以收到鲜明的展示效果，使室内整个设计锦上添花，如在起居室主体墙面上悬挂装饰物，常用的就有绘画、条幅或个人喜爱的收藏等等。一些不引人注目的地方，也可放些工艺品，从而丰富室内设计的内容，增加气氛，使人有细节可看。如书架上除了书之外，可陈列一些小的装饰品，像小雕塑、玩具、花瓶等饰物，看起来既严肃又活泼。书桌、案

装饰艺术品有其独特的艺术表现形式，不仅可以烘托环境气氛，还可以强化室内空间特点，增添审美情趣，实现室内环境中整体的和谐统一。在现代室内装饰设计中，装饰艺术品愈来愈受到人们的重视，作为重要的表现手法之一，逐渐成为室内装饰中极具潜力的重要发展方向。

工艺品的神色突显个性、展现风格，使我们生活的环境更富韧性魅力。在随意摆放中，在有序无序间，或内敛，或释放，轻而无声地滑入主题空间，获取和追求某种内在的均衡和节奏，不经意间流露出一种生活态度，一种生活与心灵的契合。

工艺品按照材质不同可分为玻璃工艺、水晶工艺、金属工艺、陶瓷工艺、植物编织工艺、雕刻工艺等。

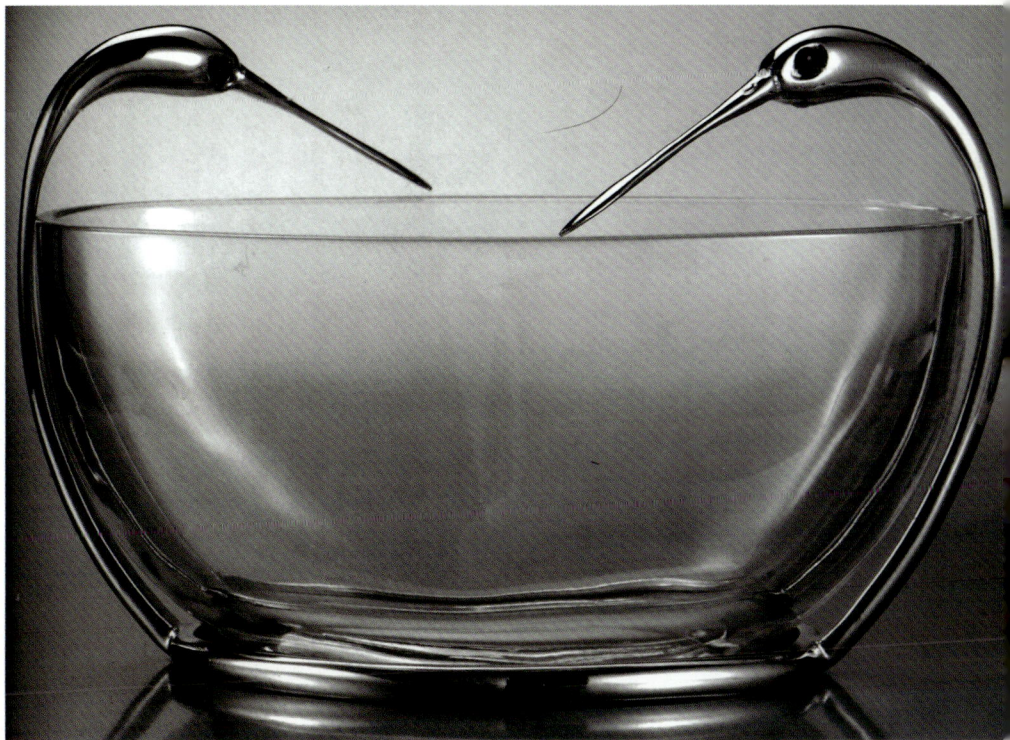

玻璃工艺

📎 小贴士：

头上也可摆放一些小艺术品，增添生活气息。工艺品切记摆放过多，到处满满登登的，不但不会发挥艺术品的作用，其效果反而适得其反。

●艺术品还可通过摆放来掩盖室内设计的空缺与缺憾。比如一面墙壁看起来较空，可挂上适宜的绘画或壁挂、壁毯等艺术品，加以装饰。

艺术品的布置摆放，要注意以下一些原则：

●尺度和比例。小小茶几不能摆大泥人，空旷墙面挂个小盘就会显得小气。如果墙面空旷可安装一盏壁灯，在壁灯周围悬挂一组挂盘。

●视觉条件。应尽量放在与人视线相平的位置上。具体摆设时，色彩显眼的，宜放在深色家具上；美丽的卵石、古雅的钱币，可装在浅盆里，放置在低矮处，便于观其全貌；精品多，应隔几天换一次，收到常新之效果；可将小摆设集中于一个角落，布置成室内的趣味中心。

●艺术效果。组合柜中，可有意放个画盘，以打破矩形格子的单调感；平直方整的茶几上，可放一精美花瓶，丰富整体形象。

●质地对比。大理石板上放绒制小动物玩具，竹帘上装饰一件国画作品，更能突出工艺品地位。

●工艺品与整个环境的色彩关系。小工艺品不如艳丽些，大工艺品要注意与环境色调的协调。

从总的装饰原则来看，没有装饰效果的工艺品、和家具风格冲突的工艺品、和本人及家人身份不相匹配的工艺品不要摆放。同时，室内工艺品的摆放要注意和绿色植物相辉映，这就是所谓的"秩序感"，随意的填充和堆砌会产生没有条理、没有秩序的装饰效果。艺术品的布置有序会产生一种节奏感，就像音乐的旋律和节奏给人以享受一样，要注意大小、高低、疏密、色彩的搭配。

金属工艺

水晶工艺

植物编织工艺

陶瓷工艺

雕刻工艺

3 装饰花艺
Flower Decoration

在家庭装饰花艺设计中，质感的变化起着重要的作用。花艺设计包含了雕塑、绘画等造型艺术的所有基本特征，是一门不折不扣的综合性艺术，因此花艺设计中的质感变化，也是影响整个花艺创作的一个重要元素。质感的一致创造出了和谐的观感，但相同的质感只是一种模仿，是绘画与雕塑中为了达到与现实雷同而做出的一种努力。在实际的应用中，还有很多情况需要我们做出与周围环境有所区别的设计，因而需要做出质感的对比，这种对比往往能够成为装饰设计中的亮点。

这就好比在阴雨天气里，我们只能看到灰蒙蒙的天与灰蒙蒙的建筑，暮色阴沉的夜晚什么也看不清楚，虽然统一却没有了晴朗的白昼里蓝天、绿树、红花的五彩斑斓之美；而在晴朗的夜晚，当我们抬头仰望夜空时，才能感受到黑夜之美，这种美是由自然的质感对比变化产生的。这种比喻或许不太恰当，但花艺师的设计灵感是来源于大自然的，只有了解自然才能对花艺设计中质感的变化有一个更深的理解。在花艺设计中，插花也好，为客户做家庭装饰也好，质感都是不可缺少的部分。但是，究竟是运用协调质感的创作手法还是对比质感

的创作手法，最终取决于环境。

在色彩质感比较丰富的环境中进行花艺设计时，质感元素应该是越协调越好；反之，如果是在一个色彩质感一致或是有一点沉闷的环境中，就应该用质感对比强烈的手法来打破这种沉闷，就像黑暗中的一道闪电，使人为之一振。

(1) 居家插花
(Home Flower Arrangement)

花艺是装点生活的艺术，是将花草、植物经过构思、制作而创造出的艺术品。花艺最重要的是讲究花与周围环境气氛的协调融合。这其中，居家插花是一种常见的、备受人们喜爱的饰家艺术。闲暇之余，信手拈来，"被遗忘的角落"也可以是主人发挥想象力的好去处——桌上摆花、墙角搁花、空中悬花、落地置花等。

居家插花讲究的是空间构成。一件花艺作品，在比例、色彩、风格、质感上都需要与其所处的环境融为一体。

插花从总体上可以分为两种，一种是以中国、日本等国为代表的东方风格插花，另一种是以欧美国家为代表的西方风格插花。这两种插花风格有着较明显的区别。

①**东方风格插花（Chinese Style Flower Arrangement）**

中国和日本等国的东方式插花，崇尚自然，朴实秀雅，富含深刻的寓意。其特点为：

a. 使用的花材不求繁多，只需插几枝便能起到画龙点睛的效果。造型较多运用青枝、绿叶来勾线、衬托。常用的枝叶有银柳、火棘、八角金盘和松树等。

b. 形式追求线条、构图的完美和变化，崇尚自然，简洁清新，讲究"虽由人作、宛如天成"之境。遵循一定原则，但又不拘成法。

c. 插花用色朴素大方，清雅绝俗，一般只用2~3种花色，简洁明了。对色彩的处理，较多运用对比色，特别是利用容器的色调来反衬，同时也采用协调色。这两种处理方法，通常都需要用枝叶衬托。

②**西方风格插花（Western Style Flower Arrangement）**

西方风格的插花，注重色彩的渲染，强调装饰的丰茂，布置形式多为几何形体，表现为人工的艺术美和图案美。它的特点如下：

a. 用花数量多，有繁盛之感。一般以草本花卉为主，如香石竹、扶郎花、百合、马蹄莲和月季等。

b. 形式注重几何构图，讲究对称型的插法，有雍容华贵之态。常见半球形、椭圆形、金字塔形和扇面形等形状，亦有将切花插成高低不一的不规则形状。

c. 色彩力求浓重艳丽，创造出热烈的气氛，具有豪华富贵之气。花色相配，一件作品较多采取几个颜色组合在一起，形成多个彩色的块面，因此有人称其为色块的插花。亦有的将各种花混插在一起，创造五彩缤纷的效果。

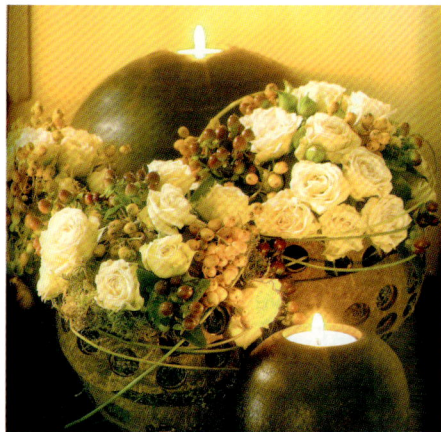

③ **插花色彩的配置（Color Conf -iguration of Flower Arrangement）**

插花色彩的配置，具体可以从三个方面进行研究：一是花卉与花卉之间的色彩关系；二是花卉与容器之间的色彩关系；三是插花与环境、季节之间的色彩关系。这三方面的关系若能正确掌握，插花配色就能得心应手了。

a. 花卉与花卉之间的色彩关系，可用多种颜色来搭配，也可使用单色，只要配合在一起的颜色能够协调。插花中青枝、绿叶起着很重要的辅佐作用。枝叶有各种形态和色彩，运用得体就能收到良好的效果。

花卉间的合理配置，还应注意色彩的重量感和体量感。色彩的重量感主要取决于明度，明度高者显得轻，明度低者显得重。正确运用色彩的重量感，可使色彩关系平衡、稳定。

色彩的体量感与明度和色相有关，明度越高，膨胀感越强；明度越低，收缩感越强。暖色具有膨胀感，冷色则有收缩感。在插花色彩设计中，可以利用色彩的这一性质，在造型过大的部分适当采用收缩色，过小的部分适当采用膨胀色。

b. 花卉与容器的色彩要求协调，但并不要求一致，主要从两个方面进行配合：一是采用对比色组合；另一是采用调和色组合。

冷暖对比也是花卉与器皿配色的主要方法。采用冷暖对比的色彩，效果会显得生动起来。一般情况下，插花器皿的颜色是深色的，花可插浅或淡色，以便形成对比。运用调和色来处理花卉与器皿的关系，能使人产生轻松、舒适的感觉。方法是采用色相相同而深浅不同的颜色处理花卉与器皿的色彩关系，也可采用同类色和近似色处理。插花还可以利用中性色进行调和，如黑、白、金、银、灰等中性色的花器对花卉也具有调和作用。

c. 插花的色彩要根据环境的色彩来配置，在环境色较深的情况下，插花色彩以选择淡雅为宜，环境色简洁明亮的，插花色彩可以用得浓郁、鲜艳一些。

插花色彩还要根据季节变化来运用。春天里百花盛开，争芳夺艳，万紫千红。此时插花可选择色彩鲜艳的材料，给人以轻松活泼、生机盎然的感受。夏天，插花的色彩要求清逸素淡、明净轻快，适当地选用一些冷色调的花，给人以清凉之感。到了秋天，满目红扑扑的果实，遍野金灿灿的稻谷，此时插花可选用红、黄明艳的花作主景，与黄金季节相吻合，给人以兴旺的遐想。冬天的来临，伴随着寒风和冰霜，这时插花应该以暖色调为主，插上色彩浓郁的花卉，给人以迎风破雪的勃勃生机。

就东西方花艺特点而言，西方的花艺，花枝数量多，色彩浓厚且对比强烈；而东方的花艺则花枝少，着重自然姿态美，多采用浅、淡色彩，以优雅见长。

櫥窗空间花饰
Display Window Space Floriation

酒店空间花饰
Hotel Space Floriation

休闲空间花饰
Leisure Space Floriation

花艺色系 (Flower Colour)

红色系 (Red)

橙色系 (Orange)

黄色系 (Yellow)

绿色系 (Green)

家居空间花饰
Home Space Floriation

室外空间花饰
Outdoor Space Floriation

花艺色系 (Flower Colour)

青色系 (Indigo)

蓝色系 (Blue)

紫色系 (Purple)

白色系 (White)

(2) 插花器皿（Flower Container）

插花器皿品种繁多，数不胜数。插花造型的构成与变化，在很大程度上得益于花器的形与色。就其造型而言，花器的线条变化限制了花体，也烘托了花体。除了常用的花瓶、花篮和花盆之外，凡是能与之搭配并能烘托一种艺术情趣的，均可取之一用。

插花器皿根据材料分类		
品种 Variety	性能 Function	代表图片 Illustrating Picture
玻璃花器 (Glass Flower Container)	玻璃花器常见有拉花、刻花和模压等工艺，车料玻璃最为精美，由于玻璃器皿的颜色鲜艳，晶莹透亮，已成为现代家庭的必备装饰品。	
塑料花器 (Plastic Flower Container)	比较经济的道具。价格便宜、轻便且色彩丰富，造型多样。设计用途广泛。塑料器皿用于插花有独到之处，可与陶瓷器皿相媲美。	
陶瓷花器 （Ceramic Flower Container）	陶瓷花器具有精良的工艺和丰富的色彩，美观实用，品种繁多，是中国的传统插花容器，颇受人们的喜爱。装饰方法上，有划花、浮雕、开光、点彩、青花等几十种之多。有的苍翠欲滴、明澈温润，有的纹彩艳丽，层次分明。	
藤、竹、草编花器 （Rattan, Bamboo, and Straw Flower Container)	用竹藤木制成的花器，具有朴实无华的乡土气息，而且易于加工。形式多种多样，因为采用自然的植物素材，可以体现出原野风情。	
金属花器 (Metal Flower Container）	由铜、铁、银、锡等金属材质制成，给人以庄重肃穆、敦厚豪华的感觉，又能反映出不同历史时代的艺术发展。在东、西方的插花艺术中，它都是必不可少的道具。	

(3) 家庭花艺设计（Home Flower Arrangement Design）

一般家居中的不同空间，如客厅、休闲室、餐厅等，都有着不同的花艺设计。

①客厅花艺设计原则 (Guidelines for Living Room Flower Arrangement)

客厅是家庭装饰的重点区域，不要选择太复杂的材料，花材的持久性要高一些，不要太脆弱。客厅茶几、边桌、角几、电视柜、壁炉等地方都可以设计花艺。在一些大位置的角落，如壁炉、沙发背几后也可以设计花艺，但要注意高度，如茶几上的花艺就不宜太高。

可选的花材品种有百合、郁金香、玫瑰、红掌、兰花等。

色彩方面，可选择红色、酒红色或香槟色等，尽可能用单一色系，过年可选用中国红，比较喜庆、稳重。如有需要，可选用绿色叶子当背景花材，并适度使用与节日相关的装饰品，用缎带、包装纸、仿真花串、蜡烛等做陪衬装饰配件。

气味方面，可选用有淡香的花材。

客厅花艺——中国红

客厅花艺——律动之夜

②餐厅花艺设计原则（Guidelines for Dining Room Flower Arrangement）

对比客厅，餐厅花艺设计的华丽感更重、凝集力更强。轻松的宴会，可将单朵或多朵花插在同样的花瓶中，多组延伸，并根据人数的多寡，对花瓶有弹性的增减；正式的宴会，可在餐盘上放一朵胸花，作为给客人的礼物，花的底部可以衬锡箔纸，餐桌上可洒一些花瓣、玻璃珠，点缀气氛。

餐桌花艺不宜太高，不要超过对坐客人的视线。圆形的餐桌，可以正中摆放一组，也可以以餐桌正中为中心，三角形摆放三组小型花艺；长方形的大餐桌，则可以水平方向摆放花艺。

餐桌的花器选择要注意：选用能将花材包裹的器皿，以防花瓣掉落，影响到用餐的卫生。

正式宴会常选用的花卉品种有玫瑰、百合、兰花、红掌、郁金香等。

早餐桌常选用的花卉品种有茉莉花、玫瑰花、太阳花（非洲菊）等。

餐厅花艺——激情的春天

餐厅花艺——春在人间

气勃勃，充满节日气氛。

起居生活厅花艺设计要注意：该区生活功能强，生活用品较多，不适合太复杂的饰品和插花。

可选品种：木百合、鸡冠花、紫罗兰、玛格丽特、康乃馨、马蹄莲、向日葵、满天星等。

起居生活厅花艺——春野

③起居生活厅花艺设计原则（Guidelines for Sitting Room Flower Arrangement）

起居生活厅是家庭成员休息活动的空间，花材选择可更自然、更生活化，装饰气息不需太浓厚。在视觉上应让人感觉温和，最主要是与主人的想法契合，即可以即兴将家里的任何角落点缀得生

起居生活厅花艺——优雅的春天

4 节日花艺
Festival Floral Decoration

（1）四季年节礼仪花艺（Seasonal Bouquet）

一年四季有很多令人愉快的节日，以花寓情、以花传情，会使朋友、家人之间的感情更加深厚。花束作为人们最常用的送花方式，在世界上已经流传了很多年，至今仍发挥着其他方式难以企及的效果。

①春节喜庆花束（Spring Festival Bouquet）

中国传统喜庆节日，人来客往，我们可以依不同场合选择最恰当的花表达祝贺的心愿。春节送代表富贵、吉祥之花，选喜庆的红色，用花传递出最美好的祝愿，也许是亲朋好友间最好的礼物。

②情人节浪漫花束（Valentine's Day Bouquet）

爱情是永恒的话题。恋爱少不了

以花传情。花材不同，意义也不同。将你的兴趣和创意表达得越浪漫就越有魅力。花材若用百合，则适于结婚纪念，用郁金香适合订婚。

③春季礼仪花束（Spring Bouquet）

紫色花束呈自然放射状，透出柔嫩、神秘的气质。

④初夏绿色扇形花束（Early Summer Fan-shaped Bouquet）

绿色代表春天，然而绿花在自然界很少见。选用人造花或可弥补这一不足。人造绿色玫瑰营造浓浓春意，将大自然的美好传递给朋友，可谓礼轻情意重。

⑤ 秋 季 礼 仪 花 束（Autumn Bouquet）

秋天果实累累，是收获的大好时节。选用暖意浓浓的状元红花果，营造红火、热情的气氛。三个层次的造型，有节节高升、吉祥美满的寓意。

⑥ 冬 季 礼 仪 花 束（Winter Bouquet）

寒冷冬季，一束风情万种的酒红花束有着不可替代的情感效应。半开放式包装加上华丽的缎带，使火红、艳丽的花束有一个华丽的结尾，在冬季显得分外妖娆。

（2）四季年节居室花艺摆饰（Seasonal Floral Decoration）

大自然一年四季周而复始，给人们的生活带来无限的生机和乐趣。花是大自然馈赠给人类最美丽的礼物。将这种美丽、情趣引入室内，可提高生活品质，愉悦身心。居室花艺摆饰是一项创造美的工作，学习一些方法和技巧，可以营造家庭温馨气氛，使您每一天都拥有好心情。

① 春 节 节 饰（Spring Festival Decoration）

为了迎接中国最喜庆的春节，以松与牡丹相配，营造出清雅脱俗的美感，与中国风格的木雕背景气质非常吻合。牡丹的寓意为花开富贵，营造出吉祥、喜庆的气氛。

②中秋节饰 (Mid-autumn Festival Decoration)

中式方形花瓶线条简洁，本身就具有很好的观赏价值。瓶内插菊花、麦穗等花材，表示秋天的到来，烘托中秋节的气氛，呈现大气、耐人回味的中国文化韵味。

③母亲节饰（Mother's Day Decoration）

在母亲节这一天，为母亲做好早餐，送上亲手制作的"心"形花篮，再附上辅助的卡片，一定会给妈妈带来一番惊喜。

④儿童节饰（Children's Day Decoration）

儿童节送礼，要确定是送给男孩还是女孩，可送电子游戏机、书籍、毛绒玩具等，但别忘了加上花篮作为装饰。送给孩童的包装要透明，便于小孩观看礼物。

Chapter 3

第三章 软装设计
Soft Furnishing Design

软装设计，指的是一种配饰陈设设计，这些饰品包括摆饰、挂饰、灯饰、壁纸、布艺、花艺等，以最终实现"空间"、"人"、"物"的协调，是对室内的二度陈设与布置，其主要目的是实现一个自我的舒适空间。

　　软装设计是相对于建筑本身的硬结构空间提出来的，是建筑视觉空间的延伸和发展。软装设计于室内环境，犹如公园里的花草树木、山石水榭等，是赋予室内空间生机与精神价值的主要元素。它对现代室内空间设计起到了烘托气氛、创造意境、丰富空间层次、强化室内环境风格、调节环境色彩等作用，毋庸置疑地成为室内设计过程中画龙点睛的部分。

（一）空间的功能性及装饰环境
Functionality and Ambience of Space

1 空间的功能性
Functionality

在谈软装的功能性之前，我们首先要了解房间的区域和格局分配。

(1) 大厅和过道（Lobby and Corridor）

大厅和过道十分显眼，它们对于一个居室而言是最重要的。一个有吸引力的大厅可以营造最具风格的家庭前奏，它是接待来访者的空间，因此必须要掌握和兼顾主人喜欢的风格；过道也是接待来访者的过渡空间，所以装饰必须表现出良好的空间感和主人的风格及形象气质。

客厅的空间一般具有阅读、交谈、听音乐和看电视的功能，如果空间较大，可选择气派、舒适和豪华的家具，达到摆饰和展现自我品位的效果；如空间较小，则可寻求建立整洁、灵活的家具摆饰效果。客厅的大小与家具的选择是很重要的。

走廊的功能通常是由大厅通往家庭厅，或者是从客厅通往厨房、洗手间甚至是主人房、客房的一个通道，那么首先要考虑这个功能性过道的宽度、比例和深度，接着考虑装饰性。大型过道在空间允许的位置可将玄关桌装饰成过道端景，也可在过道的壁面上悬挂装饰画，将家庭成员照片展示出来，使过道变得温馨。

(2) 餐厅（Dining Room）

现代居室中，不同风格的房型对餐厅的设定会不同，大型、豪华别墅就有分早餐厅、中餐厅和西餐厅；小型公寓式住宅则会把所有用餐的功能统筹在一个空间里，兼具多功能厅的功能，因此餐厅的装饰取决于空间的大小及对空间的需求。由于现代住宅通常没有大的剩余空间，很多家庭一般是将之与其他空间合并使用，如客厅与餐厅合并，厨房与餐厅合并等。

（3）厨房（Kitchen）

厨房是我们的重要生活空间，人们在此准备菜肴，进行食品的清洗和烹饪，会花费很多的时间在这里，这意味着需要多方面考虑它的装饰性和功能性。理想的厨房必须适合我们的需要，设计在很大程度上取决于可用空间。如果空间允许，可以有一个中岛操作区，使备餐工作更为方便。最常用的电器和水槽，应为其提供标准高度的台面。厨具的考虑会因为主人的生活习惯和特殊要求产生变化，但应具有易于清洁、安全、安静、快速和节能等基本功能。

（4）楼梯间（Stairwell）

楼梯间连接着各个楼层，我们每天都在使用它。至于它的设计，无论是选择弯曲还是笔直的楼梯，首要前提是必须完全符合空间的装饰尺寸。建造楼梯有各种材料，如钢、半透明玻璃、实木和大理石等，选择时不仅要考虑价格，还要考虑质量和设计。也可在楼梯间壁面装饰壁画或壁毯。

（5）书房（Study）

书房是方便读书、学习和工作的场所，可根据主人的需要配置书柜和办公家具等。书房的位置通常会选择比较安静的区域，如是别墅或复式楼，书房多选择在一楼；如是小型住宅，则多为多功能房，既可做书房又可做客房。

（6）卧室（Bedroom）

卧室是休息、睡觉的地方，属于私密空间，但它也是存放衣物、更衣并准备外出的地方。床是卧室中重要的组成部分，床和床头柜应紧靠墙壁摆放，但最好不要摆在窗户下。衣柜也是一个决定因素，必须选择适合的壁橱。一些房间可同时兼做辅助休息区，可配置书桌、沙发、座椅、灯具、电器设备等。家具可根据个人的习惯和品位进行选择，装饰时要考虑房间的大小，布局必须精心策划。

（7）小孩房（Child's Room）

小孩房里要提供灵活的家具，特别注意使用的家具材质和安全性，如婴儿房的基本家具是床和桌子以及婴儿的必备用品；学龄前儿童的房间要有足够的空间来储藏书籍和玩具，家具必须确保适合孩子使用的高度；青少年卧室不仅是睡觉区，也可以是学习、听音乐或与朋友聊天的空间。明确安排合适的家具，让不同年龄段的小孩房间具有不同的装饰效果。

（8）浴室（Bathroom）

浴室一般来说我们不会停留太久，但却是任何家庭不可缺少的一部分，它的风格已成为个人身份的象征和标志。对于浴缸应考虑是否有足够的空间来安置，水槽的高度是否正确。豪华的浴室也倾向于内部具有两个不同的空间，一个是用来清洁的按摩浴缸、淋浴或蒸气浴室等，另一个是专门用于放置化妆品的区域。灯具可选用可调节开关的，能产生不同的气氛效果。

（9）露台（Balcony）

露台是家庭内部空间的延伸，可以利用其大小体现我们的活动习惯。夏天，可在阳台放置舒适的沙滩椅和遮阳棚，选择不同的户外家具和装饰植物，赋予其视觉吸引力。空间也可以划分为不同风格，一为普通常用的装饰环境，一为享受美食、休闲和交谈的地方。

2 空间的装饰环境
Ambience

也许你已经开始想象着你的梦中之家，但首先你必须花时间分析你真正想要的家是什么样的，怎样去规划一个梦想的家？你要明确说明各空间的功能和需求，包括想要表达的设计定位以及预算。

软装设计师在装饰之前一般会提出若干问题，详细了解甲方的想法，这样方便他们在做空间计划的时候考虑怎么设计空间。除了施工之外，设计师必须明确有哪些功能或工作的过程，会牵涉到哪些厂家和计划方案时的成本。他们可以透过平面配置图的解说、设计的空间框架、现有的房型设计，对项目有更好的了解和认识。

（1）功能性的电器用品及零配件（Functional Electrical Equipment and Fittings）

在业主或甲方的思维里，经常会觉得所有的电器都是专家或厂商的事，只需买回来摆放就可以了，实则不然。由于生活习惯的关系，市面上批量生产的电器往往不能满足生活中的某些实际功能，而电器用品及零配件和生活息息相关，如果配置不好或是没有安排妥当，在施工前没有做好特别设定，就会引起

不必要的麻烦，使用起来非常不方便。因此，当我们选择空间装饰的时候，无论是对厨房的动线、电器的配置、浴缸的选择，在装修前都要有很明确的考虑，甚至对有些家庭中暂时没有用到的家具也做一定了解，并预留出摆放空间，这样不是更好吗？

就厨房而言，从一系列的电器名称中就可以了解它们的基本功能，如微波炉、烤箱、冰箱、洗碗机、消毒柜等，小的家电还有面包机、咖啡机、果汁机等。在规划空间时，最好的方法就是按功能需求和个人习惯摆放物品，使用时能即时方便取用，并考虑家庭用电的用量。

（2）合适的生活用品（Appropriate Articles for Daily Use）

在软装布置中，我们必须考虑的程序如下：

①布艺（Fabrics）。沙发，软包，窗帘，床上用品，对家具布料的选择、灯光的配置要达到一致呼应及对比的效果。布料的选择要注重花纹、花色、材质的选用及搭配技巧。

②家具（Furniture）。根据现有的空间、对家具的喜好、家具的风格来

选用。家具选择得当可以让空间产生立体效果，达到"出彩"的目的。

③红酒柜（Red Wine Cabinet）。白酒和红酒一般放置在酒窖，酒柜中一般设有温度调节的开关。

④浴室（Bathroom）。在确定浴室的位置后，器具的选择除了水电和供暖的配备外，五金配件的造型也要力求统一。现代生活的基本配备包括盥洗用具、毛巾、浴巾、浴袍等。

⑤花艺（Floriculture）。花具有本身的花语，花的种类、色彩、寓意、形状等都必须要有适当的了解。

⑥餐具（Tableware）。餐具的形状和设计感等也是软装装饰重要的一环。

⑦其他饰品（Other Accessories）。包括色彩、材质、风格、体积、数量等。

（二）软装风格
Soft Furnishing Style

1 中式风格
Chinese Style

中式风格是以清、明宫廷古典建筑为基础的室内装饰设计艺术风格，它的构成主要体现在明清传统家具、民族特色装饰品及以黑、红为主的装饰色彩上。

中式风格融合了庄重与优雅的双重气质。总体布局对称均衡、格调高雅，造型简朴优美、端正稳健，色彩浓重而成熟、讲究对比；材料以木材为主，在装饰图案上崇尚自然情趣（如花、鸟、鱼、虫、龙、凤、龟、狮等图案），精雕细琢、瑰丽奇巧，充分体现出中国传统美学精神。

在细节装饰方面，中式风格很是讲究，往往能在较小面积住宅中营造出移步换景的装饰效果。这种装饰手法借鉴于中国古典园林，能给空间带来丰富的视觉效果。中国传统居室非常讲究空间的层次感，空间多用隔窗、屏风来分割，用实木做出结实的框架，以固定支架，中间用棂子雕花，用实木雕刻成各式题材古朴的造型，打磨光滑，富有立体感。

在饰品摆放方面，中式风格是比较

自由的，传统室内装饰品包括字画、匾幅、挂屏、盆景、瓷器、屏风、博古架等，深具文化韵味和独特风格，体现中国传统家居文化的独特魅力。这些装饰物数量不多，在空间中却能起到画龙点睛的作用，凸显主人的品位与尊贵。

新中式是中国传统文化在现代背景下的演绎，在室内布局、家具造型以及色调等方面，吸取传统装饰的"形"与"神"，以传统文化内涵为设计元素，革除传统家具的弊端，去掉多余的雕刻，糅合现代家居的舒适与简洁，以现代人的审美需求来打造富有传统韵味的空间，体现中国数千年传统艺术，营造出一种淡雅的文化氛围。

在新中式装饰风格的住宅中，空间装饰多采用简洁、硬朗的直线条，有些家庭还会用具有现代工业设计色彩的板式家具与中式风格的家具搭配使用。直线装饰在空间中的使用，不仅反映出现代人追求简单生活的居住要求，更迎和了中式家居追求内敛、质朴的设计风格，使中式风格更加实用、更富现代感。

新中式通常只是局部的采用中式风格处理，大体的设计还是趋向简洁。中式客厅考虑到舒适性，也常常用到沙发，但颜色以及造型仍然体现着中式的古朴，而新中式风格的表现却使整个空间传统中透着现代，现代中糅着古典。墙壁上的字画数量不多，但能营造一种意境，这样就以一种东方人独特的"留白"美学观念控制节奏，显出中式环境中独具文化意蕴的大家风范。挂画不宜采用西洋画或者风景画，舒缓的意境始终是东方人独特的情怀，因此书法常常是成就这种意境的最佳手段。

案例一：

项目名称：水岸清华
设计公司：本末设计
设 计 师：夏泺钦
面　　积：400m²

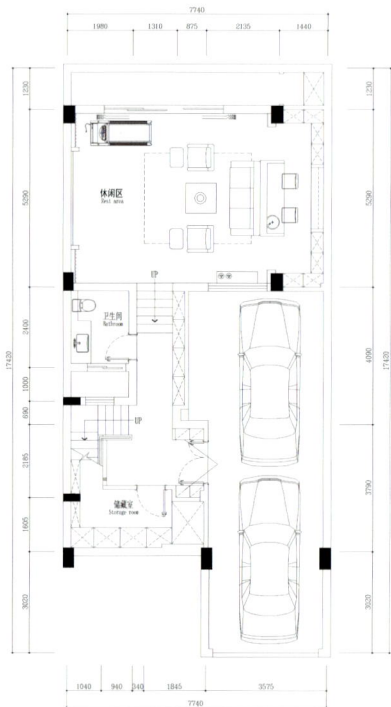

地下室平面配置图

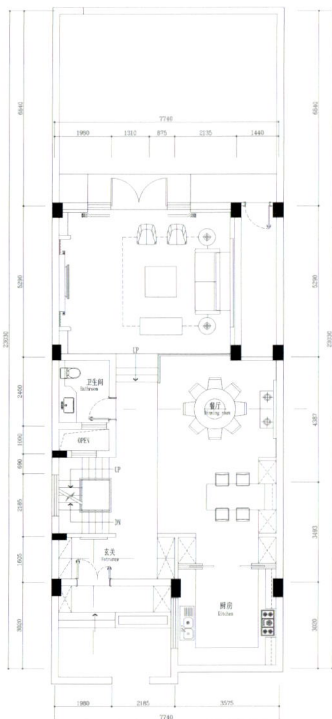

一层平面配置图

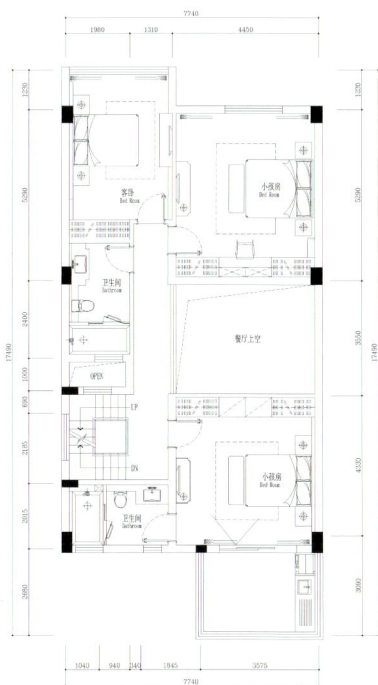

二层平面配置图

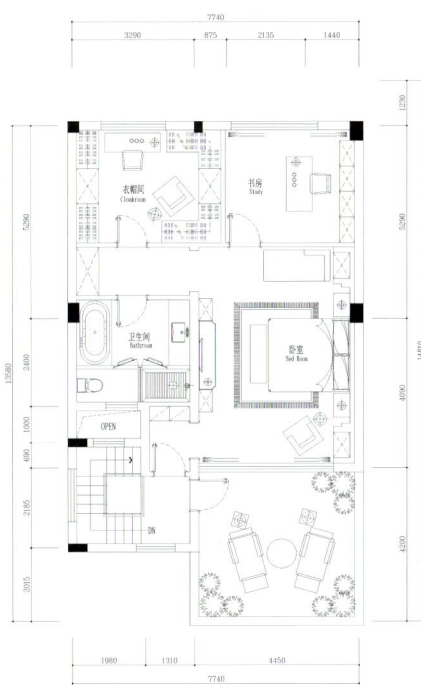

三层平面配置图

客厅整体以烟墨色为基调，点缀以浅桔和深竹月色，为空间铺陈了儒雅温润的氛围。以"渔舟唱晚"和水墨图样为元素基础，呈现出江南书香之家独有的气质。抛却繁复的线条，仅将空间的一切流于纵横之间，大气而耐观。中轴对称、方正严整的布局与构思，尊重了主人对新中式风格的诉求，在空间闲适的需求上融合了庄重与优雅的双重气质。

中式家具形态简洁清秀，从手感与人性化的角度，增加了软包及曲线的设计，舒适感倍增。搭配上壁纸、手绘墙、装饰画等，将传统风韵与现代舒适感完美融合在一起。

中式之美在于意境之美，其禅意的氛围、源远流长的文化底蕴是根基。无论时代如何变迁，国人对中式情怀的喜爱从来不曾改变。色彩搭配方面，以沉稳的深色为主，以黑、白、灰为基调，再点缀红、黄、绿等鲜艳颜色，形成了中式配色的特点。

奢华的生活不是肆无忌惮地挥霍，而是一种低调、精致的生活态度，而有态度的生活方式却离不开有品质的生活空间。棕茶色的窗帘与辰砂色的灯罩相辉映，给空间增添了一丝简朴的美。浅桔、深竹月色与牡丹纹样的抱枕搭配，谦逊却又不失灵动。

中式风格布局阴阳协调，韵味浓烈悠长。设计以"简"为道，通过对材质、色彩、造型、氛围等细节的着重拿捏，营造出富有品质感的居住环境。设计力求简约精致，讲究层次感，多用隔窗、屏风打造隔而不断的层次之美。中式的花格与花鸟鼓凳的搭配，使风格的神韵体现于细节之中。

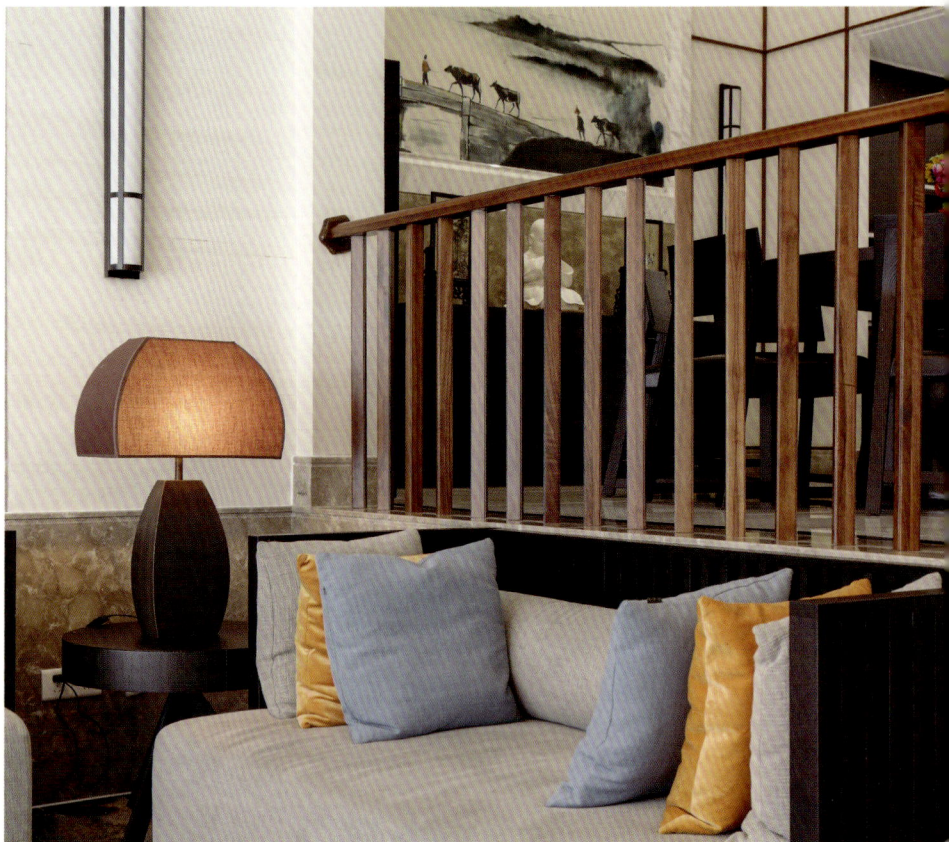

设计师重点提示：

中式传统饰物：

中国传统饰物不仅追求饰物的造型和装饰，还追求舒适的作用。即使在当代，传统饰物依旧适用。若要打造中式风格的室内空间，中式传统饰物往往可以起到画龙点睛的作用。

中国传统家具：

中国传统家具像中国古典文化一样，以其古朴雅致的独特魅力吸引着人们。特别是明式家具，常常作为中国古典文化的代表而享誉海外。

屏风的作用：

中式屏风具有多种用途，可以当床背景，在入口玄关与客厅起隔断的作用，也可以当做装饰角落、锐角或深度空间的隔断。最常用的是代替壁画置放在沙发背后或用作床头板，让空间产生跳跃式的多层格局。

餐厅空间的方形中空结构与中心的圆桌相结合，体现了主人"方圆相济"人生处世的大智慧。以暮雨牵牛的水墨画为背景，顶部吊以灯笼状的花灯，为餐厅营造了轻松的用餐氛围。无论平面与立面都将方圆之道融入其中，与厨房的开放设计增强了餐厅的空间感。水吧区与用餐厅完美结合，增加空间使用的多样性。

一张木桌、一尊小沙弥雕塑，古色古香中回归传统，独守一份古韵的中式魅力。古朴、典雅是心中的一道风景，自然、厚重是梦中的一片光明。中式餐厅不止于方圆之间，挂画上肆意挥洒的水墨与留白，同样沁人心脾。

影音室是休闲放松的空间，所有的陈设都放置到了最舒适的位置，牡丹纹样的沙发与烟墨色的搭配同会客空间相呼应。室内用色不多却非常讲究，都是来自大自然的颜色，加上天花的留白，带来视觉上的一抹清新。

浅灰色的主基调加以海蓝色与卡通元素的点缀，让男生的空间充满活跃的气息。卧室的布置以布艺填充，显得温馨可爱，而中式格调的书架、书柜搭配更是让空间显得优雅童趣。

墨色与相思灰在空间中相得益彰，隐约的鹅黄色灯光洒在床头，大气却不失雅致温馨。以手绘墨荷为床背景，床头台灯温和的光照与其形成呼应，清逸高雅。木色饰面与麻色硬包使空间温馨柔和，荷韵与梅花的装饰增添了生机。

留白是国画艺术中的精髓，体现虚实相生、皆成妙境的艺术效果。它可以拓宽空间的层次布局，给人留下遐想的余地，更强调意境的营造。将留白手法运用在中式家居的设计中，则减少了扑面而来的压抑感，并将观者的视线顺利转移到被留白包围的元素上，从而彰显出整个空间的审美价值。

素色的搭配年轻简约又禅意大方，充满了惬意的气息。古朴生香的家居陈设、精雕细琢的床头柜拉手，总是在不经意的细节里打动着人心，惊艳了岁月，也温柔了时光。

在古代文人眼中，书房既是追求仕途的起点，更是寻找自我的归途，而中式书房，其文化沉淀和古韵风情，无不体现出中国人骨子里温润儒雅的性子，使人身在其中，沉静悠然。

棕茶色与木色是该书房的主调，虚实有致的结构让小空间也充满趣味，可以听素琴，阅金经，任丝竹乱耳，不怕案牍劳形。

新中式风格的家具更加注重线条的装饰，摒弃了传统家具较为复杂的雕刻纹样，质地以实木为主。在家具的设计与功能上，也会进行一些优化，更为方便实用。

案例二：

项目名称：上海老房子
设计公司：大墨公司
设 计 师：励仲雨
面　　积：168m²
主要材料：做旧黄铜、清水泥、
老钢窗、老杨松、钢管、灰镜

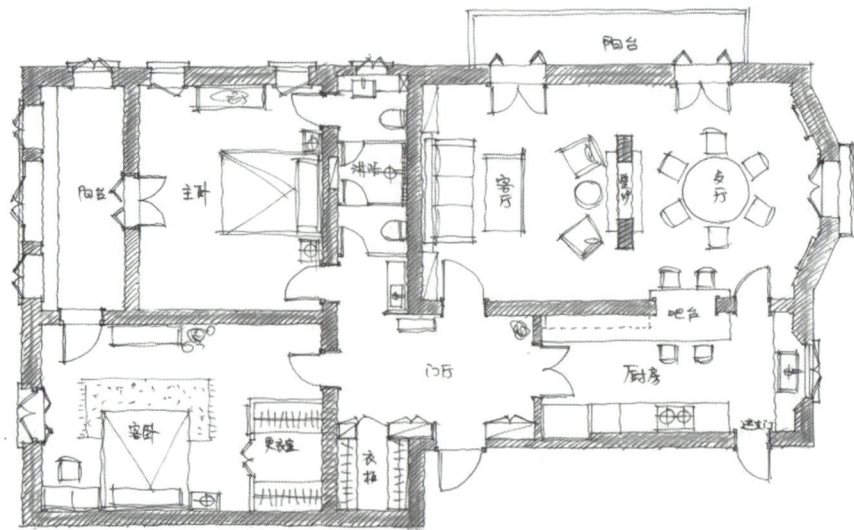

玄关的铺地延伸到了卧室、厨房和卫生间，弱化了区域的分割。3.2m 高置顶的灰镜鞋柜一下子放大了玄关的空间。高悬的法国梧桐叶吊灯，使绚丽的光线透过梧桐叶斑斑驳驳地洒落在墙面、地上，让人仿佛徜徉在夏天思南路的林荫大道。

平面配置图

　　客厅素色的墙上挂着一幅视觉冲击力相当强烈的油画，让整个客厅为之亮丽精彩。沙发后的书架用精致的钢架托着百年花旗松作为层板，处理得简洁、古朴而又刚强。设计师将中国明清时期常见的"官帽椅"进行了简化提炼之后，打造了这两把款式别致、饱和度极强的单人沙发。

　　壁炉，可能是怀旧上海人特有的情愫，无论公寓还是洋房，都少不了它的踪影，否则潮湿、刺骨的冬天不知如何度过，那愉悦的下午茶喝起来也会少了些许味道。但是，一个多世纪的沧桑，壁炉管道早已堵塞破损，壁炉架也逐渐消失殆尽。既然如此，何不来一次新旧混搭呢？设计师出方案，厂商研制，经反复改进后，一个真火双面酒精壁炉就此诞生。虽然火焰紧挨着旧木地板冒出，由于做了充分的技术处理与安全防护，复古的感觉与真实的效果同时展现在我们面前。百年前的功能与样式完全被拷贝出来，围着它看书、喝茶、取暖、烧烤不亦乐乎。

　　Delightfull Botti 的喇叭灯造型夸张，吸人眼球。墙壁上的麋鹿标本和一旁的剑齿虎、大白熊头骨形成幽默对话，Flaviano Capriotti 餐椅搭配爵士白大理石圆餐桌，金色烛台配着黑、白色蜡烛，蓝、金组合的餐具，晚餐的氛围被烘托得浓郁芬芳。

　　餐厅边上的原木吧台对厨房来说是个不错的过渡，很自然就将视线引入了厨房。吧台的高低宽窄设计得恰到好处，似浑然天成一般，喝咖啡时可作吧台，吃饭时用作递菜案板。厨房墙面、天花水泥色的高级灰处理，突出了白色烤漆门板的橱柜，似不经意中配了二块镶铜板的吊柜门板和铜门套相得益彰。Lindsey 的干邑色吊灯被大胆运用到了厨房，现代的厨具与精致的橱柜让下厨人在这里得到一种别样的享受。

卫生间布局相当巧妙，可分又可合。主、客卫生间共用一个超大的淋浴房，阿拉伯式的小吊灯彰显一派异域风情，简约而气派。

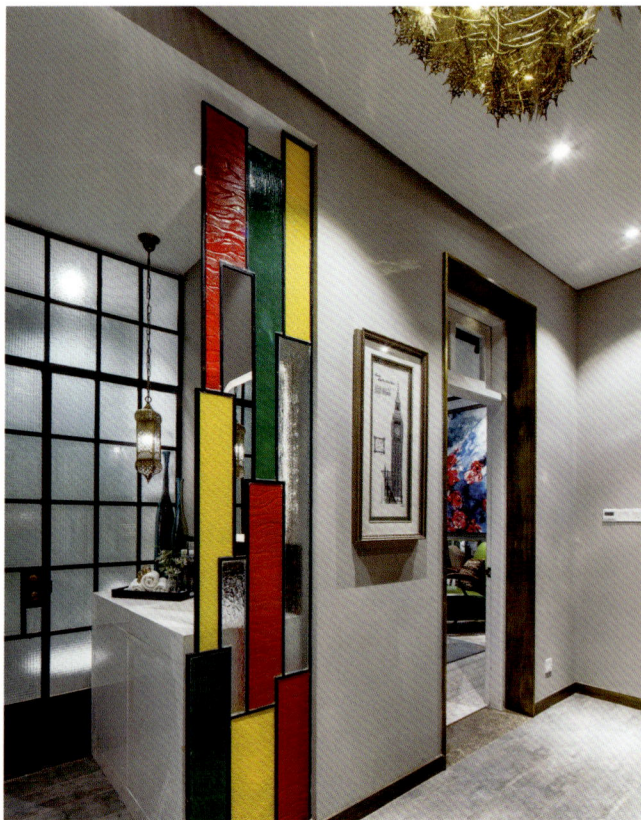

设计师重点提示：

如何打造中西合并的家居空间？

● 客厅西式的沙发搭配中式的靠枕，或中式椅座漆欧式格调的色彩。

● 在西式的床上用中式丝绸进行搭配。

● 在西式空间中加一张明式的贵妃榻，可供品茶用。

● 餐桌的餐垫、餐巾、筷子和西式刀叉并用，中式的餐台柜立式陈列收藏的西方餐具。

● 中式的工艺品里插西式的花艺，或将中国青铜器摆饰在西式端景几上。

● 中式的丝绸画装裱上西式画框，或山水画用西式画框装裱。

● 在中式的室内选择造型简单、色彩简洁的西式窗帘样式。

● 中式风格的空间，可摆放线条简单的现代灯具。

卧室主墙上悬挂了一幅超大的、上海女画家鲍莺的获奖作品《紫衣少女》，以单青色的细腻笔墨勾勒出女性似睡似醒的朦胧意境，仿佛在轻轻呼唤着主人入眠。对着这样恬静的画面，躁动的内心也安定了许多。床边的皮箱配上民国风格的单人沙发，浓浓的海派情节和老上海的摩登搭配得天衣无缝。时空在这样的背景下被浓缩到几件物品上，那画、那物、那情，件件都将小资情调诠释到骨子里。

上海老房子有过十里洋场的辉煌岁月，有过历史名人的温馨踪影，有过市井人家的袅袅炊烟，它承载了100多年来上海建筑的时代变迁。

作为设计师的我，一个浸润着老房子格调风韵的、土生土长的上海人，经常骑着自行车穿街走巷去摄影、临摹，对法租界这个熟悉得不能再熟悉的地方一直恋恋不舍。张爱玲的常德公寓，赵丹、秦怡住过的武康大楼，瑞金公寓、卫乐公寓、河滨大楼等都留下了我的身影。20多年来，我改造了不少厂房、仓库、公寓、花园洋房，而对于这套20世纪20年代的法租界——巡捕房军官楼，因为它太有老房子的韵味，迟迟不舍得动手。我常常一个人静静地站着，望着斑驳得无图无文却饱含如此厚重历史的沧桑墙壁，思绪翻滚。眼前浮现出100年前法国军官住在这里的场景，就像电影分镜头一样，一幕幕清晰得如影随形。从来没有一个案子让我投入如此深的情感，一发呆就是几个小时；也从来没有一个案子让我花费如此多的精力，仅平面图就改了20多稿。希望她能焕发出昔日东方海派的独特张力，重现那如梦似幻的质朴华丽。

阳台地面使用了复古拼花小瓷砖，好似踏入恍如隔世的法国别墅阳台一般。一把明黄中式单人沙发与古铜金不锈钢圆几进行了一场东方与西方、古代与现代的碰撞。从北到南装饰了一整排的老钢窗，抚摸着与砖色相得益彰的棱角大窗台，品味出实用的美感。靠在雕花法式小沙发上，透过窗外挺拔的梧桐树，望着对面充满市民气息的田子坊，惬意的时光显得如此美妙。

建筑的精美与造诣不会被时代所淹没，恰恰相反，它可以记忆时光的痕迹，老建筑更彰显出它的辉煌，这就是无需文字记录的历史与人文情怀。

？ 如何营造中式气氛？

① 小空间也可以中式花板为窗或门框，强化中式气氛。

② 选择中式造型木器，例如木质烛台、落地灯或台灯。

③ 加入中式配件，例如文房四宝等。

④ 选择有中式图腾符号的雕塑。

⑤ 选择有代表性的中式古典家具。

⑥ 墙壁上可悬挂写意国画、工笔画或中国书法。

⑦ 布艺选择中式花样。

⑧ 装饰材料多选用木的质材，线条多为直线、水平线。

⑨ 室内色彩以木色或接近木色为主，不需要太复杂或对比强烈的色彩。

2 地中海风格
Mediterranean Style

地中海"Meditrranean"源自拉丁文,原意为地球的中心,自古以来,地中海不仅是商贸活动中心,更是希腊、罗马、波斯古文明的发源地,是基督教文明的摇篮。具有浪漫主义气质的地中海文明在很多人心中都蒙着一层神秘的面纱,给人一种古老而遥远的感觉。

地中海风格的美,包括海与天明亮的色彩,仿佛被水冲刷过后的白墙,薰衣草、玫瑰、茉莉的香气,路旁奔放的成片花田,历史悠久的古建筑,土黄色与红褐色交织而成的强烈民族性色彩等。地中海风格带给人的第一感觉就是阳光、海岸、蓝天,仿佛沐浴在夏日海岸明媚的气息里。

地中海风格总的来说具有以下一些特点:

a. 圆形拱门及回廊通常采用数个连接或以垂直交接的方式,展现延伸般的透视感。墙面处理(只要不是承重墙)也常运用半穿凿或者全穿凿的方式来塑造室内的景中窗。

b. 家具常常擦漆做旧处理,这种处理方式除了让家具流露出隽永质感,更能展现家具在地中海的碧海晴天之下被海风吹蚀的自然印迹。

c. 在窗帘、桌布与沙发套、灯罩的材质选用上,均以低彩度色调和棉织物(格子、条纹或小细花的图案)为主,感觉纯朴又轻松。色彩偏好蓝白,也常用蓝紫、土黄以及红褐。

d. 常利用小石子、瓷砖、贝类、玻璃片、玻璃珠等素材,切割后再进行创意组合装饰。马赛克镶嵌、拼贴在地中海风格中算较为华丽的装饰。

e. 白墙常涂抹修整成一种特殊的不规则表面。地面则多铺石板和陶砖,独特的锻打铁艺家具,也是地中海风格独特的美学产物。同时,地中海风格的家居非常注意绿化,藤蔓类植物是常选,小巧可爱的绿色盆栽也常使用。

地中海风格的基础是明亮、大胆、色彩丰富、简单、富有民族性。重现地中海风格不需要太多的技巧,无须造作,本色呈现就好。只要保持简单的意念,取材大自然,大胆而自由地运用色彩、样式(当然,设计元素不能简单拼凑,必须有贯穿其中的风格灵魂),就能捕捉到地中海风格的纯美和浪漫情怀。

在这个具有北非贵族气息的华丽客厅里，可以看到轻松、简洁的棉制罗马帘穿梭其中，椅子、沙发也是采用和窗帘一气呵成的材质，体现了其朴实的特质。

金红色的地毯和同系列的饰品，如金箔包裹的水晶吊灯、壁炉上不同尺寸的金红色立盘，它们构成的画面与沙发上的色系进行了呼应。同色调不同材质的互应摆饰使室内的华丽质感生色不少，与此同时又超脱了传统定位（不以客厅中间的咖啡几为中心定位，而是跳出来以地毯为亮点，功能式的茶几则以多样式小角几替代），形成个性化的比例空间。

这是一个多功能的卧室空间。墙壁位的蓝色、白色与地板的土黄色一起呈现出天空、大海、地面三者结合的意象。卧室入口可以看到地中海风格极具代表性的拱形门，两边的墙壁上留有空间摆放装饰品或者书籍，既美观又提升其实用性。您可以在右边与墙体连接的砖砌座椅上阅读或与亲人交谈，形成一个小型阅读区或起居室。

📎 **设计师重点提示：**

地中海风格居室色彩运用的大致比例为：白色50％、红色35％、金色15％，这是达到室内色彩轻重缓和效果的一个共识。

在地中海风格中，代表水系的蓝色被广泛使用，如有不同材质的蓝色层叠使用，则可使作品和空间生动不少。

蓝色的马赛克拼花成为墙体的主角，其他则以简洁、素雅的大理石为第二层次色彩，蓝色块状的毛巾在平日虽然只是功能性生活用品，但在此它却起到净面和凝聚碎花磁砖的装饰作用。

此图为较简单、轻快的室外场景。在室外的庭院中，除蓝、白色的基调以外，鹅黄等鲜明的色彩也常被使用。搭建装饰顶棚时亦要考虑建筑的透光性和通风性。室外的装饰材料，亦需考量其防晒性能，如椅垫和椅子就通常选用铁艺或不锈钢制作，这些材质不易因为天气的变化而影响性能。

站在石砌的阳台上，可以看到悬崖的边缘。面对着原始的海湾，你可以在这个露天的餐馆舒适地与朋友共享午餐。建筑与自然形成的鲜明、活泼色彩凸显了地中海的浪漫，又有一丝宁静的氛围。晚上，还可以将这里改造成小型酒吧，邀请客人小酌几杯，这种阳台的功能可以根据主人的喜好进行变化。

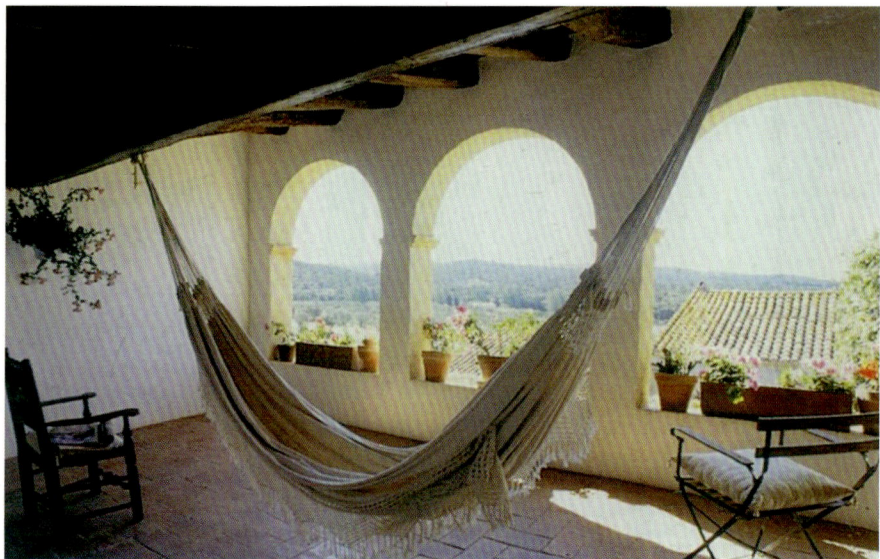

白色的阳台上摆放着土陶制作的花器，虽然造型简单、粗糙，但却给人带来一种质朴的感动。躺在帆布制作的吊床中，可以透过拱形窗口欣赏自然美景，还可以在此小憩或与孩童玩耍嬉戏，享受天伦之乐。

设计师重点提示：

地中海风格按照地域自然出现了3种典型的颜色搭配：

●**蓝与白**。这是比较典型的地中海颜色搭配，是海与蓝天、白云的颜色。该地区的国家大多信仰伊斯兰教，而伊斯兰教的主色调就为蓝、白两色。

希腊的白色村庄与沙滩、碧海、蓝天连成一片，甚至门框、窗户、椅面都是蓝与白的配色，加上混着贝壳、细沙的墙面，小鹅卵石地，拼贴马赛克、金银铁的金属器皿，将蓝与白不同程度的对比与组合发挥到极致。

●**黄、蓝紫和绿**。意大利南部的向日葵、法国南部的薰衣草花田，金黄与蓝紫的花卉与绿叶相映，形成一种别有情调的色彩组合，十分具有自然的美感。

●**土黄及红褐**。这是北非特有的沙漠、岩石、泥、沙等天然景观颜色，再辅以北非土生植物的深红、靛蓝，加上黄铜，带来一种大地般的浩瀚感觉。

案例：

项目名称：绅蓝公寓
设计公司：金元门设计
设　计　师：葛晓彪
摄　影　师：刘鹰
面　　　积：200m²

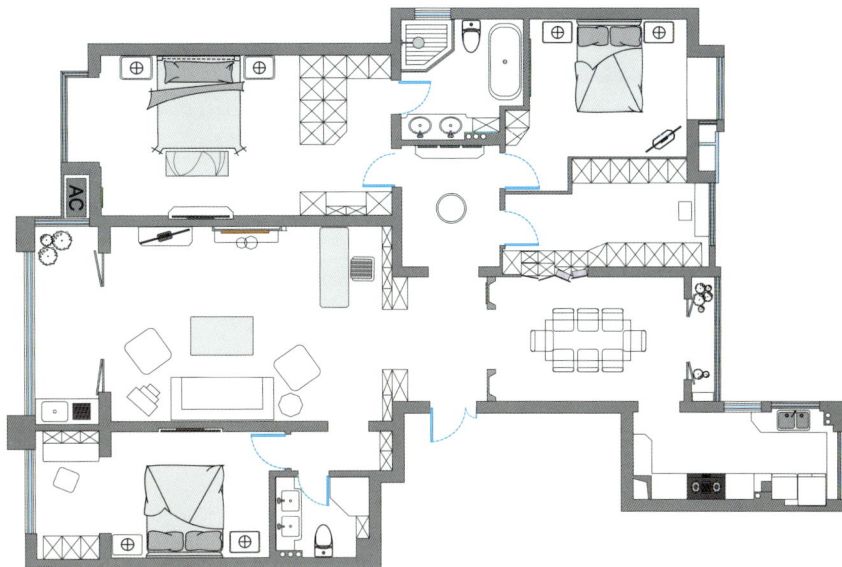

平面配置图

　　推门进去，是一种惊艳的美，以至于让人产生错觉而不敢迈步，需要辨别一下，这是私人住宅、主题会所还是艺术画廊，亦或是电影场景。

　　客厅无疑是本案的剧情高潮，非常具有画面感和视觉冲击力，犹如电影大片中的定格场景。设计师对于客厅的处理是用心的，"客厅＋书房"是国外家居设计的主流，将两个功能区合二为一，复合式的空间提高了使用率，又增加了书卷气。在功能上以会客为主、书房为辅。

　　公寓中的蓝色自然地锁住了视线，尤其客厅的深蓝，仿佛星空大海，吸引了所有来宾的目光，墙面上的艺术品与画作采用金色画框，色彩和比例恰好相互呼应。这种空间的无缝衔接将人的目光直接过渡到客厅区域，宽敞的宝石绿绒布沙发带有自然、摩登的双重气质，几乎占据了厅内一整侧空间。客厅的另一侧墙面，原木写字台桌配有复古的纺缍式桌腿，上面摆放着业主自己的收藏。

　　几乎充满整个空间的大面积蓝色包裹着黄色复古橡木纹地板，一冷一热的色彩对比是理智与激情的碰撞。蓝色的邻近色是绿色、青色、靛色，客厅区墨绿的沙发几乎淹没在蓝色海洋中，但丝毫不掩盖沙发的摩登气质。地毯是渐变的蓝，虚实相融，仿佛剧情高潮的戛然而止，但又余音缭绕。蓝色的互补色是黄色，空间里金色和黑色的点缀，是点睛之笔。

壁炉是欧式设计的经典元素，也是西方家庭精神回归的象征，更是客厅的亮点。

客厅窗下一只举着灯具的猴子，充满了生活的趣味和调侃精神，使观者会心一笑。

细节方面，客厅的每处角落都精心布置。

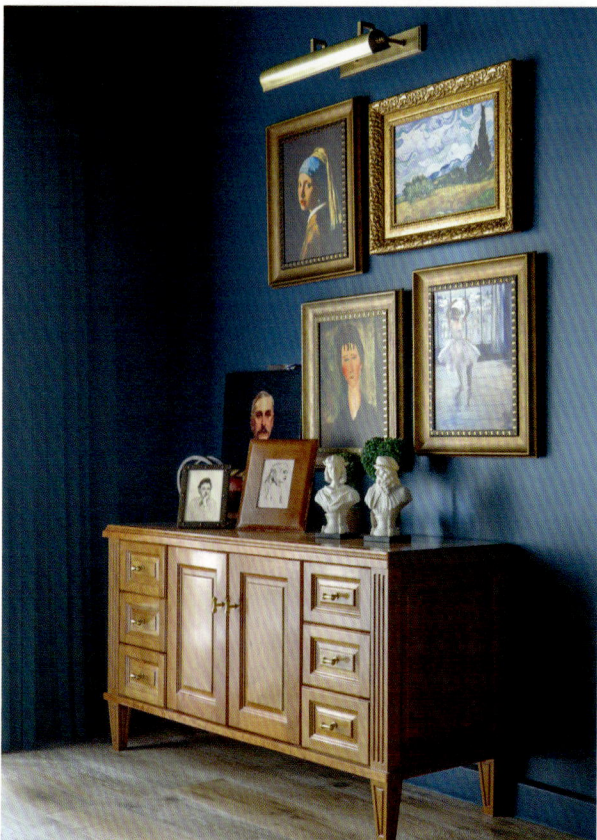

　　餐厅局部以粉色点亮视线，给予就餐更好的光线和更具活力的氛围。餐桌以绿色大理石桌脚与实木台面组合，搭配原版的丹麦产餐椅，呈现时尚的生活方式与用餐空间。

　　蓝色和粉红是情侣色，就像排列的餐桌椅，情侣就坐，色彩交错，可以想象一家人围坐用餐的温馨画面。

　　黑白色调的厨房干净利落，橱柜上摆设的一个红色计时钟，在理性中营造生活的乐趣与惊喜。

卧室是主人身心的回归，理性而浪漫。主卧的背景漆成了略带中性的灰蓝色调，与简洁素雅的床品搭配，融合出优雅、温馨的气质空间，床边的艺术品亦为之增色不少。靠近窗边的位置设有一把舒适的扶手椅，它为整个卧室营造出一个惬意、温馨的阅读角落。

在主体的蓝调之外，次卧选择了中性灰搭配简洁时尚的床品。浅咖色系的床头造型帘柔化了铁艺结构的四柱床，与旁边真正具有遮光功能的淡蓝色窗帘统一以直线垂落的形式展现，同时产生了色彩碰撞。原木地板增加了睡眠空间的温度。

小孩房的设计几乎没有赘述，以最本真的形态展现空间张力。墙面两种不同饱和度的灰绿色与白色和谐共存。红色椅子点亮空间，床品则用灰粉为主调。

！项目总结：

　　蓝色是属于梦想家的色彩，在浪漫与优雅之间，兼容理性、睿智和勇气。这套公寓的设计，以蓝色为主调，为业主营造了一个具有绅士气质的居住空间，仿佛夜晚的多瑙河，点缀着星光，流淌着宁静。

　　在设计师看来，家就是一个介绍自己的地方，并且随着人的阅历和年纪成长。随着业主不断游历世界各地，带回自己发现的珍爱之物，家中的收藏范畴也随之陆续扩大，壁炉、储物柜、书桌、墙面等都可以成为收纳的地方，所以，蓝色就成为了最好的背景。蓝色所代表的博大，正是这些经历与记忆最好的归宿。

　　设计师对"色"的理解，源于人人都喜欢漂亮、美好的东西。我们生活在这个缤纷的世界里，触目所及的第一焦点就是色彩，设计师尤其要读懂色彩赋予作品的意义，充分运用色彩的变化来刺激受众的感官和情绪，引导他们挖掘色彩背后的意义。

？如何打造地中海风格？

① 拱形门窗和半穿凿景中窗。

② 家具多选用纯朴的木质材，并做旧处理。

③ 地中海的色彩多为蓝、白、黄、绿、紫或土黄、红褐色。

④ 线条是随心随意的，建筑形成一种独特的浑圆造型。

⑤ 床上用品多以纯色系为主，多用蓝色和白色。

⑥ 地面多铺石板和陶砖，如果铺赤陶，风格就更明显。

⑦ 经常会使用造型质朴的陶制花器搭配小绿植装饰室内空间或阳台。

⑧ 独特的锻打铁艺家具，也是地中海风格独特的美学产物。

⑨ 壁饰石材多采用纱岩、不规则的石头地面或粗犷的磨砂面墙砖。

3 东南亚风格
Southeast Asia Style

客厅家具以清朗的线条呈现规整、洁净的效果，茶几上斜摆的长形花器和沙发的纯色布艺打破了空间原有的刻板。木质天花的设计，形成一种带有浓郁东南亚格调的律动，避免了生硬感，使纵向空间得到拉伸，视觉上也呈现出舒缓的层次变化。整个客厅材质基本统一，与几何造型有机结合，不但丰富了空间，还带来沉稳、舒适之感。

东南亚地区具浓郁的热带风情，各种艳色的丝绸靠垫、大叶的绿色植物以及藤条编织的桌椅在浓重的绿色、红色衬托下打造出独一无二的感觉。东南亚风格摒弃压抑的奢靡和浮华元素，家具自然质朴，通过对比达到奇妙的效果，以画法细腻的彩绘渲染香艳神秘的意境，达成沉静与热烈并存的空间。

东南亚风情总是散发着蛊惑人心的气息，满眼都是浓烈的色彩。那些充满异域情调的家居设计或配饰单品，看上去古朴，骨子里却弥漫着低调的妩媚。这种与生俱来的妩媚，跟东南亚家具的材质和常用色彩是分不开的，例如清凉的藤椅、泰丝抱枕、精致的木雕、造型逼真的佛手、妩媚的纱幔等，而当这一切都和谐地兼容于一室时，我们便准确无误地感受到那种东南亚的清雅、休闲气氛。印尼的木雕、泰国的锡器可以拿来作为重点装饰，即使随意摆设，也能平添几分神秘气质。做工精致、设计巧妙的拱形烛台，能给居家带来宁静。几个色彩妩媚的泰丝靠垫，累了的时候，可慵懒地倚在靠枕上舒松筋骨。泰丝的

流光溢彩、细腻柔滑，在居室随意放置后漫不经心地点缀是成就东南亚风情最不可缺少的道具。

藤制家具、沙发与餐桌组合可以营造整体的东南亚风格，浑圆精巧的藤制家具蕴含着无尽的细节力量。精致的陶瓷餐具有浅褐色、翡翠绿和瓷面略带冰裂感的晶莹光泽，可为厨房增添东南亚式的热带风情。泰式家具多由人工制作，总有独特而繁复精巧的花纹，金光四射，色彩夺目，满眼都是流动着的琉璃的绚烂，带着逼人的贵气。泰式三角靠垫，放置在低矮的藤椅中，不经意地让人放下身段，随性坐卧，由不得你不放松。瓷器印花、树脂雕花是东南亚风格的又一大特点，能充分展现东方特有的古老神秘气息，既有民族特色，又透着异域情调。图案多以吉祥的大象、骆驼、蒙面纱的美女及各种美丽的花朵为主。

东南亚风格的设计充分体现人性化和个性化。崇尚自然和休闲，艳丽的色彩，抽象的图案，常绿的热带植物，这一切都充满了强烈的异国情调，备受人们青睐。

　　通过限制色彩装饰,感觉上完全控制了室外灿烂的景观花园。虽然每个房间设计各不相同,但是通过在天花装饰上使用共同的材料,如当地的硬木、花岗岩、砂岩等,再结合其他建筑细节,比如雕刻装饰屏风等,使每个空间既统一协调又有所区分。空间采光很通透,并没有将十分隐秘的室内环境完全封闭起来,而是像笼罩在一片农林植被之中。

　　这是楼上的主卧室，是房子的中心，营造出温馨和亲密的效果。地板铺设了缅甸柚木，东南亚风格图案的地毯铺设在床边，暖洋洋的感觉增加了空间温度。四柱床上悬挂着米白色的床纱，既可以柔化床的硬朗线条，又可以在夜晚入睡时起到遮挡蚊虫叮咬的作用。

　　居室的窗帘是素色的、简洁的"直线帘"造型，墙体大面积留白，只悬挂了一幅装饰画，聚焦人们的视线。一角的座椅是实木的材质，并进行了精美的雕刻，座椅上的坐垫和靠枕是由鲜艳的黄色、绿色和桃红色组成，打破了座椅原本的沉闷。

❓ 如何打造东南亚风格?

① 家具多采用纯柚木或竹编藤椅，细部还有木雕纹饰。整体视觉上色彩不多，但古老、自然之气尽显。

② 纱幔、泰丝靠垫色彩艳丽，流光溢彩，是成就东南亚风情最不可缺少的道具。

③ 东南亚装饰品的形状和图案多和宗教、神话相关。芭蕉叶、大象、菩提树、莲花等是主要图案。

④ 强调室内空间与室外呼应，通过窗户将室外的自然景观引入室内。

⑤ 泰式家具多由人工制作，总有独特而繁复精巧的花纹，色彩夺目。

⑥ 公共空间大多摆放明亮的常绿植物，给人清新自然的感受。

⑦ 卧床一般都有床架，可悬挂各种布艺帷帐。

⑧ 灯具常用铜质材，往往造型新颖，雕刻精美。

⑨ 窗帘面料一般质感强烈，体积厚重，利用悬垂褶皱手法装饰环境，可以活跃、柔化空间线条。

4 欧式风格
Classic European Style

　　欧式风格在装饰品的整体搭配上，注重表现材料的质感、光泽，色彩设计中强调运用对比色和金属色，如黑、白、银等，给人一种金碧辉煌的感觉。各种色彩在一起和谐过渡，让居室成为一个温暖的家。

　　家具在空间里占最大份额，欧式风格家居可考虑选择造型古典、色彩凝重的家具来强化特色，如代表深沉和稳重的棕色和原木色家具，可体现出主人大气而富有修养的品质。也可选用现代感强烈的家具，款式简单、抽象、明快，颜色选用白色或流行色，适合年轻新贵。家具属刚性的，因此其他方面的配搭，应从刚到柔，通过材质碰撞，突出视觉冲击力。

　　灯光直接影响最终效果，如空间以欧式经典的黑、白、银色调为主，可考虑采用对比强烈的灯光，并尽可能用暖光（如黄光，应慎用白光和蓝光），冷光只适合用于个性化的点缀。通透的水晶、玻璃、镜面能为家居营造出温馨舒适的室内装饰效果。在居室的布局、造型方面，可以巧妙运用自然元素，如光与影的交换等，对空间实施自然分区，

对有限的空间起到延伸和扩展的作用，同时也使居住空间增加层次感，减少压抑感。灯饰可选择具有西方风情的造型：考究而大气的水晶灯，能体现主人的身份和品位；传承着西方文化底蕴的壁灯泛着影影绰绰的灯光，朦胧、浪漫之感油然而生；房间可采用反射式灯光照明或局部灯光照明，置身其中，舒适、温馨的感觉袭人，让那为尘嚣所困的心灵找到归宿。

　　窗帘是空间大块的色块处理，材质应厚重，颜色跳跃，配以轻纱，体现气氛。除从视觉、质感角度考虑外，还应注重手感，体现生活。欧式风格一般选用抽象或现代感强的挂画。画芯和画框的配搭，直接影响风格和主体。画框的选材很重要，应尽量简约、线条简单，如镜面加香槟金的画框也是欧式新古典的一种体现。地毯比家具更加跳跃，更具个性。家具属刚性，可配以厚重、柔软的毛类地毯软化整体效果，使空间更加和谐。

案例：

项目名称：上海公馆
设计公司：Pin-Design 致品空间
设 计 师：蔡智萍
面　　积：260m²
主要材料：法国米黄大理石、霸王花大理石柱、大西洋灰大理石、老矿金花大理石、橄榄灰大理石、白玉兰大理石

　　设计师以新人文主义美学为艺术创作精神，将现代语汇与古典精髓巧妙结合，以此表达空间独到的审美与精致态度。在对原有房型进行改造后，室内遵循古典主义结构美学，采用和谐的对称布局和严谨的古典柱式构图，将大平层住宅的尊贵、大气、典雅表现得一览无余。承袭欧式建筑艺术和美学神韵，内饰回归宫廷中最正统的年代感，且对旧传统重新做了新的尝试与思考，化繁为简，吐故纳新，将古典风格的端庄与奢华展现得淋漓尽致。

平面配置图

适用于欧式客厅的窗帘

红巧玲珑的家具，从 S 型芭蕾舞者椅腿，到涡旋、贝壳曲线的雕饰，无不在优美线条的起伏回旋中展现出生活与美学交融的极致。由柴可夫斯基创作的《洛可可主题变奏曲》是古典音乐史上最经典的作品之一，流动的旋律中依稀可见一位贵族丽人历经世事而优雅醇熟的瑰丽身影。设计师以此经典乐曲为灵感，以优雅手法将音乐的动感与情感、洛可可古典艺术精粹在空间中融合，谱写出一曲当代生活与艺术邂逅的华彩篇章。

　　墙面与天花沿用西方古典建筑中常见的象牙白色木制饰面，但此处设计师用了化繁为简的手法，摒弃了大面积繁复装饰的花纹，以纤细的金边在局部勾勒出灵动的回旋贝壳形曲线、卷草花纹，精细的雕刻散发出细腻的柔美韵味。

壁炉的安装与选择：

●壁炉安装在活动频繁的区域可以取得最大的热效率。如果室内层高较高，可使用风机，将热量缓缓散播到活动区域。

●在完成安装前要在其安装位置旁安好电插座和电线连接盒。

●如是复式住宅，把壁炉安置在楼梯转身平台上，就能把热量散播到上、下层房间，从而达到节能的目的。

●放置壁炉的地板同样需要做隔热处理。敞开式燃木壁炉需要一个非常宽大的底座来装载火星和灰烬。设置玻璃炉门也要考虑调节火焰的问题。

●挑选一个合适的底座，使用陶瓷、大理石或砖石制品都是不错的选择，不同风格的炉台都会有一系列的颜色和材质以供选择。

欧式正式客厅中的壁炉是典型寒带气候的取暖用具，在过去的年代中独立房型都具有此功能。它能自然生火，而现代居室因集体公寓楼层及排烟系统的考虑，大多为装饰性。壁炉除取暖外，它更有装饰和定位客厅中心的功能，使大空间产生轴心及富丽堂皇的感觉。它使用的材质通常为雕刻大理石，有些甚至还有壁柱的雕花、神庙的柱面，或石头自然纹理的变化，选择时应注意与天顶和地面的互补或协调，造型应避免太过厚重而破坏视觉效果。

壁炉上方陈列饰品的选择，通常为主人肖像、名画或收藏的经典镜子。炉上方的台面可装饰家庭成员照片、收藏器皿或烛台，这些装饰小品，不只是饰品的陈设，它是经过设计师综合的思考之后精心选择放置的。

壁炉，与我们的生活密切相关，无论是过去还是现在。壁炉装饰的精美和奢华是室内不可忽视的视觉元素。不同的空间，壁炉的形式也不尽相同。

●**宫廷城堡空间中的壁炉**

最具代表性的是18世纪法国宫廷洛可可式样的装饰，壁炉也多呈现这样的风格。而英国宫廷壁炉则呈现早期的巴洛克式、新古典主义风格、哥特式和安妮女王风格。在法国宫廷中，洛可可式的壁炉外形也发展到了顶峰，在整个18世纪都非常流行。

●**公共空间中的壁炉**

公共空间是人流相对集中的地方，其间装饰的壁炉一般在古典风格的室内出现，大都处于大厅和过道之中。壁炉的尺度相对放大，体现出壁炉应有的气质，成为一种文化的象征，更是一种情感的载体。

●**居住空间中的壁炉**

客厅是家庭聚会和活动的中心，而壁炉则是客厅中不可缺少的设施。壁炉的安放可以成为客厅视觉的焦点，更是整个房间格调的象征。

餐厅里设置壁炉，让跳动的火焰陪伴着家人或亲朋好友进餐，不仅倍感温暖，更使晚宴变得轻松，但注意餐桌不能离壁炉太近。

厨房壁炉大多用于烘烤，实用性强。而现代厨房壁炉，烘烤的作用已退居其次，其主要的目的还是在装饰设计上使厨房更加典雅、温馨并富有特色。

书房中书架是主角，壁炉要避免太大，款式最好与书房的装饰以及书架的装饰有连续性。

娱乐室是休闲的地方，壁炉设计没有特别的讲究，主要为空间提供一个活动的场所，烘托室内气氛。

卧室的壁炉让私人空间显得更加亲密，也可根据自己的喜好在壁炉上方摆放喜爱的艺术品、相框等私人收藏。

不管浴室是大是小，壁炉的细节都应该有一些别致之处。设置壁炉时要同时考虑浴缸、面盆、马桶、梳妆台的安置以及水管道、排气口的安置和走向。壁炉应尽量离喷淋设施远一些，防止水滴喷溅在壁炉上。小空间浴室还要及时换热和排气。

餐厅舒展的穆拉诺水晶宫灯好似绽放中的花朵，围绕长方形餐桌依次排列的餐椅，以舒展的线条姿态陈列。这些线条与造型，共同缔造了空间强烈的韵律感和秩序性，犹如交响乐中变化组合的组曲小节，谱写和谐优美的音调。

设计师重点提示：

餐厅形象效果：

●在正式的餐厅里，餐台柜是十分重要的一个功能性家具。它具有两种意义：其一是作为收藏性的展柜，并不使用的；其二是餐台柜里的餐具以及酒杯足够餐桌使用，并以方便取用为宜。尤其大房子的餐厅跟厨房通常会有一段距离，餐台柜就成了必备的一个家具。

●餐厅所有灯饰的考量，包括吊灯、壁灯以及桌面的烛台，都应尽量注重造型的选择，最好以一体成型的蜡烛灯为主，可以把空间打造成一种系列的效果。窗帘可选择纱帘或法式帘，透过昏黄的灯光显得光影朦胧，营造用餐气氛，同时也会使用餐显得更为美味可口。

设计师重点提示：

厨房形象效果：

●欧式厨房色彩多以米色、棕色的木材质为主。无论配搭何种风格，都会有一种经典味道，更便于搭配瓷砖和地砖，只要选择柔和的过渡色，就会让空间拥有细腻的层次感，视觉也会更加舒适。

●因为欧式厨房有西餐功能，如果空间许可，应该备有烹饪操作区、岛台、使用区（比如制作冷拼等）。一般前、后两面为"U"形或者"L"型，中间为方形或者长方形，这样的设计很有包容性，功能区域集中，功能性比较强大，减少了从一个空间到另一个空间的浪费，相对来说空间扩大了。小空间则可以选择具有嵌台功能的橱柜，从橱柜插接出来的小桌台既可以当做岛台处理冷拼，又可以用来当一张小餐桌，看上去还是一道别致的厨房风景。

●无论是旧图案，还是几何系列、花草系列、景物系列、抽象系列的图案，都可以用到欧式厨房的墙面与地面，只要色彩图案与橱柜格调搭配协调，就会令厨房空间锦上添花。

●根据厨房格调选择相应的灯具、餐具、酒具、花草、小饰品等，进一步营造欧式风格。灯具对于欧式厨房来说很重要，古典或乡村风格的灯具较为适合，如一盏蓝色水晶吊灯会令厨房的地中海情调更富情致，而一盏璀璨的碎钻吊灯，会让古典风格的厨房洒满尊享的光芒。选一套与厨房风格相协调的餐具、酒具，放在展示柜上，既充满生活气息，又平添情致。将花草、蔬果移进厨房中，让厨房充满天然色彩和生机。

可根据不同季节，把季节性的色彩与花色以及强化季节性的饰品摆放在桌面上，就很容易体现出用餐的主题。图中就是圣诞节的一种餐桌布置。

欧式餐厅的座椅可以利用布艺的装饰进行不同的变化。

走廊两侧是相对的开放式客厅与餐厅，高耸的大理石科林斯柱将高贵、恢弘的气势注入空间，精美的描金卷涡花叶纹柱头宛如艺术品般散发出沉静、高贵的气质。

设计师于传承中创新，不张扬，不浮夸，用寥寥不多的几种色彩铺陈空间。白色为基调，米黄与浅灰点染其间，30％ 灰的知性冷静伴随 20％ 白的皎洁明净，使整个室内充满温情与浪漫。在这样的底色之上，皇家蓝以内敛华美的姿态在纯净空间之中绽放出宝石般的华彩，并在不同的空间中与其他色彩碰撞对话，玫瑰粉晶、静谧蓝、紫罗兰、金棕、橄榄绿等，色彩之间的浓淡有致交织出优雅醇熟的感性乐章。

　　书房完美的墙体饰面、拥有欧式造型的书柜与充满线条感的优雅家俱陈设，凝聚古典艺术精华。充满活力的法式花艺与艺术饰品随处可见，室内艺术陈设与欧式建筑的历史元素相辅相成，与精致内饰相契合，悄然绽放绝妙风华。

　　在欧式华丽高贵的整体格调中，盥洗室这样的私密空间也是力求完美的体现。大理石打造的柱身流露出欧式贵族文明的印记。台盆柜的雕花元素必不可少，长方形的古铜色镜框中两面同色系的欧式镜框设计，将精致美好的生活体验以及精神内涵传达给居住者。

📎 设计师重点提示：

主卧浴室形象效果：

　　在现代化的浴室里面，干、湿淋浴房或者泡澡浴室都分割得非常清楚。现代浴室的功能已经摆脱掉传统洗澡时把地板弄湿的麻烦，一般别墅里大型的浴室都备有足够的空间，方便浴者在淋浴之后做一个缓解，比如装饰精致的窗帘背景以及摆放舒适的沙发，就是一种必备的考量。

灰蓝色缎面窗帘、蓝底米白色花纹的床背板、米黄色软包的单椅，利用材质的不同肌理串联相似的色彩，循序渐变，深浅有度，打造一个质感、沉稳、雅致的父母房。

📎 **设计师重点提示：**

客卧和老人房形象效果：

●通常，背景墙上的字画可以影响到整个空间的主题与气氛，在一个没有主题的房间里面，可以运用屏风的弹性特质来体现床背景，是相当有感觉的。

●当客卧空间够大时，不妨考虑设置两张单人床来容纳两位客人，或者是带孩子的家庭，这样的设计也是较为人性的。

●通常在比较年长的欧式妇人的房间里面，会配有一些多功能的柜子，用以收藏有关的人生记录，如对老人而言很有纪念意义的磁盘或者是纪念品等。所以老人房里个性化、方便使用的家具配置尤显重要。

女儿房除了床头背景的童趣之外，韵律美感同样也体现在色彩的变化之中。设计师以女性特有的敏锐度与细腻心思，将充满考究的搭配延伸到每一处空间，天花板的星空元素丰富，且极具层次、奇幻的效果。

设计师通过软装的加入将一个原本较为中性的卧室打造成为了男孩房。灰蓝色绒布软包床背板两旁同色系的古典欧式床头柜点缀，惊艳了空间。

适用于欧式卧室的窗帘

适用于欧式卧室的靠枕

适用于欧式卧室的地毯

❓ 如何打造欧式风格？

① 饰品烛台的广泛使用取代了灯光营造出浪漫气息，烛台造型与场合要搭配协调。

② 家具年代考究，家具木材、铜配件、油漆的色彩均很讲究。

③ 系列排列的英式陶瓷系列。

④ 展示收藏性的饰品是古典设计中最能体现主人风格的手法之一。

⑤ 装饰的豪华程度通常也会体现主人的风范、身份和地位。

⑥ 保留巴洛克的古典无花边拱形窗框，以法式幔帘体现欧式窗帘特征。窗帘质感首选丝质和立体提花，可将窗帘花色与地毯、墙纸系统性对应，色系相仿，花色延续。

⑦ 装饰画与各壁面空间的对立及画框的选择。定位各饰品、灯罩的设计也是有细节的，是灯光、灯具和空间文化契合的表达。

⑧ 床上用品的装饰及使用规则。样式设计的细节特别考究，尤其铺被手法比现代摩登的层次繁复许多。

⑨ 餐桌及餐具在所有的年代设计中是最有记载性的，现代人一直将其沿用在嘉年华会、化装舞会、家庭聚会及各种用餐招待场合。

⑩ 花艺素雅、大气，可用浅色系的花，配晶莹剔透的漂亮器皿。

5 日式风格
Japanese Style

传统的日本房子是精灵的艺术作品，虽然今天很少人再去建造，但是如果条件允许，人们还是愿意居住在这样的环境里。

日本的文化有很多都是独一无二的。例如每天洗个热水澡这种习惯，就源于古代的一种祭祀礼仪。其作为一种享乐主义的趋吉避凶方式，震惊了来自欧洲的游客。

它的家居空间，有股神奇的力量能够为家人提供生活起居，并在任何时间保持其简单、优雅的风格。传统的建筑风格房间多杂住在一起，通常没有地方放置品味插花或精心挑选的挂物，如壁龛（凹室）就常有被电视机所占领的情况。

日式风格浓郁的装饰品一般有：

（1）**装饰画**。日式的客厅墙壁上经常悬挂装饰画或字幅，因日本与中国相邻，因此能在日式传统居室中看到国画或书法的影子。

（2）**日式军刀**。日本在古代追求"武士道"精神，即使在现在，武士所使用的军刀不再作为武器使用，但却逐渐演变成一种装饰品。

（3）**吸烟斗**。19世纪的日本贵族，经常会在家中为自己准备一个抽烟的场所，桌几上也会摆放许多烟杆或零件。

（4）**招财猫**。在日本，招财猫犹如大明星一般深受大家喜爱。它造型可爱，还有招财进宝的吉祥寓意，因此在家居中的使用非常普遍。

（5）**庭院挂饰和装饰**。日式挂饰通常悬挂在门前的屋檐下。庭院装饰则偏好用质朴的素材、抽象的手法表达玄妙的境界。

（6）**面具**。有动物造型和古代戏曲人物造型之分，颜色多为日式传统的色彩。

日式客厅装修以淡雅、简洁为主要特点，具浓郁的日本民族特色，一般采用清晰的线条布置，优雅、清洁，有较强的几何感。木格拉门、半透明的樟子纸和榻榻米木板地台为其风格特征。

日式厨房里体现了竹木的艺术。利用木制隔板创造储存空间，将碗碟依次序摆放整齐，而制作料理的用具又用竹子编制而成，既美观又环保。

　　餐厅的左右各有不同。左边靠窗的边柜上摆放了日本传统雕塑与日式花艺，右边则在墙壁前摆放着一幅屏风，图案描绘的是 5 个古代日本文人围坐在一起创作诗歌的场景，这在当时一般是贵族们的活动，而这种题材的屏风在现代依旧很受欢迎。屏风在柔和灯光的映衬下，与雕塑形成了鲜明的冷暖对比。纯木色系的餐桌上摆放着瓷制餐具，与西式餐具的繁复相比显得格外简洁。

　　餐垫的颜色及图案依旧带着浓郁的日本特色。深蓝色的餐垫上摆放着蓝白色套碗，在盘中创造出一个对比的模式。当对比的形状、大小和颜色在日式餐桌上呈现出一种乐趣时，主人和客人的心情一定都是愉悦的。

日本的插花艺术、古董摆饰让人沉醉。但最重要的是日本人的精神和他们的居住空间为喜爱日本艺术的人们提供了经典范例，为他们的生活带来了思想的灵感和追求禅心的感应。

卧室的地板和窗帘均为浅色系，使人们的目光首先聚焦在中间的卧床上。床罩选用黑色，床罩花色则是一幅完整的日式明治时代抽象花卉图案，除其本身的实用性之外，还如同一幅躺着的画作一般起到装饰空间的效果。床头上方的装饰画，起到颜色与视线过渡的作用。选择两个红色木柜作为床头柜，十分别致，充分体现出设计者的巧思。

案例：

项目名称：Jean-Paul Pirson & Jasmine 私宅
设 计 师：简名敏
面 　 积：100m²

　　室内并没有使用太多鲜艳的色彩，而是以温暖的原木主色系搭配日式风格家具为主。格局非常开放，大扇落地窗为空间带去了极佳的采光，直接对着户外露台。日式风格一贯追求宁静简约，工整的规划让人有一丝不苟之感，设计师在日式和现代简约之间做了一个和谐、自然的平衡，既体现了日式的优雅与禅意，也充分体现了现代简约的干净和清爽。

　　清晰的线条、淡雅的色彩、自然的原木材质，运用这些经典的日式风格元素，打造了一个现代改良的和风典范。设计师以舒适为度，运用材料的原始色泽和纹理，几乎不加其他修饰手法，将传统日式的轻盈、淡雅升华为规整与深邃，传达出另一种文化诉求。

　　客厅里摆放着屋主从世界各地搜集而来的书籍与艺术品，为家注入人文气息，散发一种平静、舒适的氛围。温暖的木质和各种怀旧小物、高低错落的角几和瓷凳别具匠心。偶尔出现的一两样帅气小型家具，与日式格调合并后重新拿捏比例，也能点缀得刚刚好。

日式风格十分崇尚自然，他们认为与自然最好的结合方式就是引景入室，比如加入绿植和花艺等。 房主 Jasmine 作为一名艺术家，对花艺有种特别的情怀，禅意的插花既体现出日式的雅致，也充分体现了家居的干净和清爽。

春日的微风里，一缕阳光铺洒到房间，摩挲着木纹，那是年华的印记。日头初上，可以用一整天的时间靠在沙发里看书，亦可享用一个简单的下午茶。日子如水一般流逝，一室淡然。

　　客厅外的露台十分引人注目，将日式庭院的精美禅意体现在这小小的空间里，成为整栋公寓的独特风景。以自然为引，借用大面自然景色为家带来无限生机，营造出轻松、宁静和舒适的日式家居环境。露台陈列了一张小桌，搭配了两把座椅，麻质的挂帘既能遮挡午后灼热的阳光，也为在这里小坐的主人保护了隐私。

日式风格的精髓在于营造宁静，所以采用了移门。大量运用木饰面，实木的使用也可以很好地制造和谐之美。墙面透过木质的触感和纹理，增加自然意趣。原木结构、墨绿色棉麻软包的餐椅描述出舒适、悠闲的用餐气氛。利用高品质的地板、格栅推拉门扉，注入浓郁的禅风意境。

"门"的开合方式影响了空间上的布局和生活的便利性，当处在关闭状态时，保证了相互独立的功能需求；开启时，储物性能又能相互渗透。入墙的柜体设计勾勒出空间的线条感，一件件陈列整齐、精致细腻、造型别样的各式餐具，它们可能来自不同的国家，出自不同肤色的匠人之手，却通过主人一双发现的眼睛，被集合在了这里。

厨房位于餐厅的一旁，色彩是最为纯粹、剔透的白色。U 型定制橱柜以开放形式规划，视野可以穿越客厅，包揽室内外自然环境，强调悠闲氛围。大型的窗户前，透明玻璃隔层又是一个开放的餐具博物馆，在增加厨房实用性的同时，也没有过多地影响采光。

一幅大型的日式传统绘画将厨房与客厅进行了衔接，各式造型的瓷器碗碟以及不锈钢刀叉静倘于储物柜一角。

在一个视觉绝对洁净的寝室空间里，温润的日式茶艺入喉，听一段婉转的小曲，梦里满目山丘，春日迟迟。恰到好处的留白，看似线条与颜色以外的虚无，能让欣赏者领悟到画面以外的空间想象，无声胜有声。

主卧以实木作为主材，引入更充沛的光源入室。在卧室的设计中，把日式文化属性以写意的方式呈现出来，把空间做"空"，在空与有、虚与实之间，营造一种静谧而深邃的氛围。

鞋柜延续了餐厅的墙面设计，打开原木柜门，展现的是一个具有非常强大的收纳空间，可以轻松放置将近百双鞋子。关上门，柜门又与旁边的木质墙体融为一体，客人很难发现这里的奥妙，达到了视觉的统一和洁净。

卧室的这把化妆椅，具有欧式的古典造型，在尺寸上又体现出日式家具的低矮特点，布艺则选择了中式的山水写意，混搭出别样的风情。

实木的书桌和软包的榻榻米打造的是一个极具质感的书房，整面墙的柜子融入了东方元素，柔和的灯光下，可以享受美好的阅读时光。窗帘的造型灵感来自日本的"暖帘"，暖帘发展于中国的门帘，和禅宗一起传入日本。

主人在设置书房功能的时候，除了用来阅读和办公以外，也赋予了它更多的可能性。钢琴和单人榻的加入可以让主人在这里优雅地弹奏一曲或是做一个舒服的 SPA。面积不大的书房经过主人的巧思，得到了功能的最大化使用。

如何打造日式风格？

① 日式客厅多大面积留白。木质、竹质、纸质的天然绿色建材被广泛应用。

② 日式家具品种虽少但很有特色，注重材料天然质感，线条简洁，工艺精致。

③ 日本的插花艺术让人沉醉。

④ 传统日本布艺多常用深蓝色、米色、白色等。布艺带有日本特色图案。

⑤ 灯的造型十分讲究，既要体现日式风格的精髓，又能透出一丝丝禅意。

⑥ 卷轴字画，极富文化内涵。

⑦ 极具传统日本风格的装饰品。

⑧ 日本居家茶室中一定会摆放一套精致的茶具。

⑨ 描绘日式传统图案的屏风也经常作为空间隔断或背景墙来使用。

6 田园风格
Country Style

英伦田园 (British Country Style)

什么是英伦田园风格？质朴的内饰？花团锦簇的入口？一种轻松的、非正式的居室氛围？这些都只是英伦田园风格的一部分。英国乡村风格的配色方案，需要一个较深的颜色调色板。楼层往往颜色较暗，多使用棕色或红色，而墙壁会采用花卉图案，它们也多使用在窗帘和沙发布艺上。家具最常用的材料是实木，并确保沙发、椅子坐面加厚且舒适，包布多为天鹅绒或皮革材料。无论家具的功能是什么，首先确定它的耐磨性。

一个英式田园主题的空间融合了室内和室外设计的最佳元素，带来了清新感、浪漫和奇想。空间中看似不协调的材料，通过色彩的谨慎使用，平衡地组合在一起。

英式田园家具具有一种非常生活化的乡野风格，但这种风格的家具依然很大气，多以奶白、象牙白为主，高档的桦木、楸木等做框架，配以高档的环保中纤板做内板，优雅的造型、细致的线条和高档油漆处理，使得每一件产品优雅成熟得如中年女子般含蓄委婉，内敛而不张扬，散发着从容淡雅的生活气息，从家具上就感受到一种宁静和舒适。一般来说，英式田园家具造型简洁大方，没有过多的装饰效果，但免不了在一些细节处做处理。柜子、床等家具色调比较纯洁，白色、木色都是经典色彩。其手工沙发非常出名，大多是布面的，色彩秀丽，线条优美，注重面布的配色与对称之美，越是浓烈的花卉图案或条纹越能展现英国味道。柔美是主流，但是很简洁。

英国人特别喜爱碎花、格子等图案，因此窗帘、布艺等都少不了它。这些花花草草的配饰、华美的家饰布及窗帘能衬托出英国独特的居室风格，而小碎花图案则是英式田园调子的主角。同时，陶瓷也是打造英式乡村风格必不可少的东西。另外，花草、工艺品、相框墙等也是比较出彩的设计。

英伦田园风格的客厅，给人大气典雅的感觉，处处营造出浪漫气息。用布艺做成的窗帘、靠枕套、沙发，都能让客厅充满英伦田园的唯美风情。

完美表达英
伦风格特质的餐
厅，虽然它的居
室非常小，但是
餐桌的布置非常
经典、完美。这
种低调的奢华，
将英式的餐桌布
置表达得非常具
有特色。

具有主体性特色的典雅床上用品以及房间的布置。它虽然有很繁复的花朵图案，但乱中有序，会运用一些白色的床单或白色镶宽花边的织布床单来净化色差或色格，传递一种英伦田园风格的特质。

? 如何打造英伦田园风格?

① 家具使用本土的胡桃木，外形质朴素雅。

② 小碎花图案是永恒的英式田园风格主调，沙发多以手工布面为主。

③ 空间上无需做得太过复杂，干干净净，像一张画布，是最好的衬底。

④ 壁炉多以简洁的浅色系为主，或使用砖砌造型。

⑤ 碎花、格子等图案在窗帘、布艺中都少不了。

⑥ 陶瓷也是打造英式乡村风格必不可少的东西。

⑦ 相框墙等也是比较出彩的设计。

⑧ 灯具多使用铁艺或铜质，灯光非常温暖，并能起到划分空间的作用。

⑨ 绚烂的花艺是打造英式风格的装饰元素之一。

美式乡村 (American Country Style)

异域的风情、自由的生活方式都是现代都市人渴望追求的，在一天繁忙的工作后，人们渴望归于宁静的栖息之地，以一种淡然的性情享受都市里的乡村风情。

美式乡村风格，受到了世界不同种族移民至美国而形成的异域风格影响，它摒弃了繁琐和奢华，并将不同风格中的优秀元素汇集融合，以舒适机能为导向，强调"回归自然"的特质，不论是感觉笨重的家具，还是带有岁月沧桑感的配饰，都在告诉人们这一特点。

美式乡村家具天生就适合用来怀旧，其固有的自然、经典还有斑驳陈旧的印记，似乎能让时光倒流，使生活步调迟缓。家具多为实木，一般比较厚实和耐用，少了些许欧式家具的浮华。一件美式家具一般可以用上几十年甚至上百年，由祖父传给父亲，再由父亲传给儿子。在美国家庭，如果你有一件祖母用过的家具，一定会放在家里最醒目的位置，这对美国人来说，是一种骄傲。

美式乡村风格的色彩以自然色调为主，绿色、土褐色最为常见；壁纸多为纯纸浆质地；家具颜色多仿旧漆，式样厚重；设计中多有地中海式的拱。

美式乡村风格的配饰除强调自然生活质感外，营造简洁、温馨的家居气氛也是很重要的，布艺就是其中重要的装饰元素，本色的棉麻是主流，它的天然感与乡村风格能很好协调。植栽通常选用自然生态的爬藤植物，另外藤器制品也被广泛使用。自然的枕头和靠枕形成层次丰富的房间焦点，它是美式设计的灵魂之一。窗帘的质材包括棉、麻、竹子、藤帘等，窗户通常使用百叶窗，它的选择和自然光、环境灯光有着密切关系。在美式田园中，烛和台灯经常作为照明的主角，因田园风光都在表达一种休闲、淡雅、宁静的氛围，因此选择自然亚麻或碎花棉麻的灯罩是营造田园气氛最佳的表达手段。

家居空间中，门厅是客人来访时首先要经过的地方。在美式风格的门厅中，灯光的运用十分重要，它强调突出材料的纹理及质感。

厨房在美国人眼中是很重要的，它同时需要配备一个便餐台在厨房的一角，还要具备功能强大又简单耐用的厨具设备等。装饰上喜好仿古面的墙砖，厨具门板喜好用实木门扇或是白色模压门扇仿木纹色。另外，厨房的窗也喜欢配置窗帘。

生活在都市里的人们，更向往和热爱大自然。从过去、现在到将来，从艺术、家具到时装，"回归自然"的诉求源源不断地充斥于我们的生活之中。

图中的美式乡村风格客厅满足了我们对自然的想象，挑高明朗的空间、沉稳气质的沙发与几案，浓浓的乡村风扑面而来。壁炉造型很简约，寥寥几笔便勾勒出了美式乡村风格的精髓。

美式乡村风格的基调一般以自然色系为主，实木地板、仿古地砖、羊毛地毯是比较合适的装饰元素。植物往往是客厅中的点睛之笔，放置两三株绿萝、龙血树、散尾葵等常绿植物，很随意就显现出自然、舒适的意象。

在美式乡村风格中，铁艺灯是经常使用的元素之一，与纯木结构的吊顶和餐桌椅和谐地搭配在一起。

美式乡村风格家居的卧室布置较为温馨，作为主人的私密空间，主要以功能性和实用舒适性为考虑重点，一般的卧室不设顶灯，多以温馨、柔软的成套布艺来装点，同时在软装和用色上讲究统一。

美式乡村风格常用色板、材质

❓ 如何打造美式乡村风格?

① 以享受为最高原则,在面料、沙发的皮质上,强调其舒适度。

② 家具的材质以白橡木、桃花心木或樱桃木为主,线条简单,保有木材原始的纹理和质感。

③ 布艺中本色棉麻是主流,布艺的天然感与乡村风格能很好地协调。

④ 摇椅、小碎花布、水果、铁艺制品等都是乡村风格空间中常用的装饰。

⑤ 色彩多以自然色调为主,绿色、土褐色较为常见,特别是墙面色彩选择上,自然、怀旧、散发着质朴气息的色彩成为首选。

⑥ 常用野花盆栽、小麦草等植物装饰美式乡村风格的空间。

⑦ 墙面或边柜总是陈列展示着具有收藏价值或特殊意义的装饰物。

⑧ 地面大多使用石材装饰。装修上偏爱各种仿古墙地砖、石材。

⑨ 乡村风格采用黄色的灯光较为适宜,卧室一般不使用吊灯。

7 新古典风格
Neoclassical Style

新古典主义作为一个独立的流派名称，最早出现于 18 世纪中叶欧洲的建筑装饰界，它不仅拥有典雅、端庄的气质，更具有明显的时代特征。新古典主义的精华来自古典主义，但不是仿古，更不是复古，而是追求神似。"形散神聚"是新古典风格的主要特点，在注重装饰效果的同时，用现代的手法和材质还原古典气质，它具备了古典与现代的双重审美效果，完美的结合也让人们在享受物质文明的同时得到了精神上的慰藉。

新古典主义传承了古典主义的文化底蕴、历史美感及艺术气息，同时将繁复的家居装饰凝炼得更为简洁清雅，为硬而直的线条配上温婉雅致的软性装饰，将古典美注入简洁实用的现代设计中，使得家居装饰更有灵性，让古典的美丽穿透岁月，在我们的身边活色生香。新古典并不是纯粹旧元素的堆砌，而是通过对传统文化的认知，将现代元素和传统元素结合在一起，以现代人的审美需求来打造富有传统韵味的事物，让传统艺术的脉络传承下去。

现代家居采用新古典风格，要着重表现一种历史感、一种文化纵深感。在这类家居中，你可以看到某种厚重的、沉甸甸的东西——一种文化意蕴，它可以唤起人们对历史的回忆，但并不忧伤、并不恐慌，而是一种沉思后的平静，符合优雅的气质，中和了浮躁的个性，有利于现代人修身养性。

新古典的表情，可以华丽，可以优雅，可以精致丰富，可以细腻悠闲。在造型语言上，常选用羊皮或带有蕾丝花边的灯罩、铁艺或天然石磨制的灯座，古罗马卷草纹样和人造水晶珠串也是常用的视觉符号。新古典主义风格，更像是一种多元化的思考方式，将怀旧的浪漫情怀与现代人对生活的需求相结合，兼容华贵典雅与时尚现代，反映出后工业时代个性化的美学观点和文化品位。

与古典风格相比，新古典风格最大的创新之处就在于大胆将简约、现代的元素融入其中，可以说，新古典主义家具是宫廷、皇室家具与现代家具的结合产物，与欧式传统的巴洛克、洛可可家具相比，更多吸纳了前者的精髓，同时又加入了适合工业化生产的简约特点，造价也比前者低了许多。

案例一：

项目名称：翰悦府住宅
软装设计师：张勇
面　　　积：220m²

设计师通过多次倾听业主的需求，从对方的价值观和信仰入手，着眼于当代居住理念及流行趋势，用新古典风格打造出一个别致的空间。

软装色调尊重硬装方案，利用大色块的碰撞突出空间感，通过调整内饰的风格营造出家庭的温馨氛围，看似简洁的外表之下折射出"大时代"的贵族气质。局部点缀了金属元素，提升整体空间的层次感与品质。

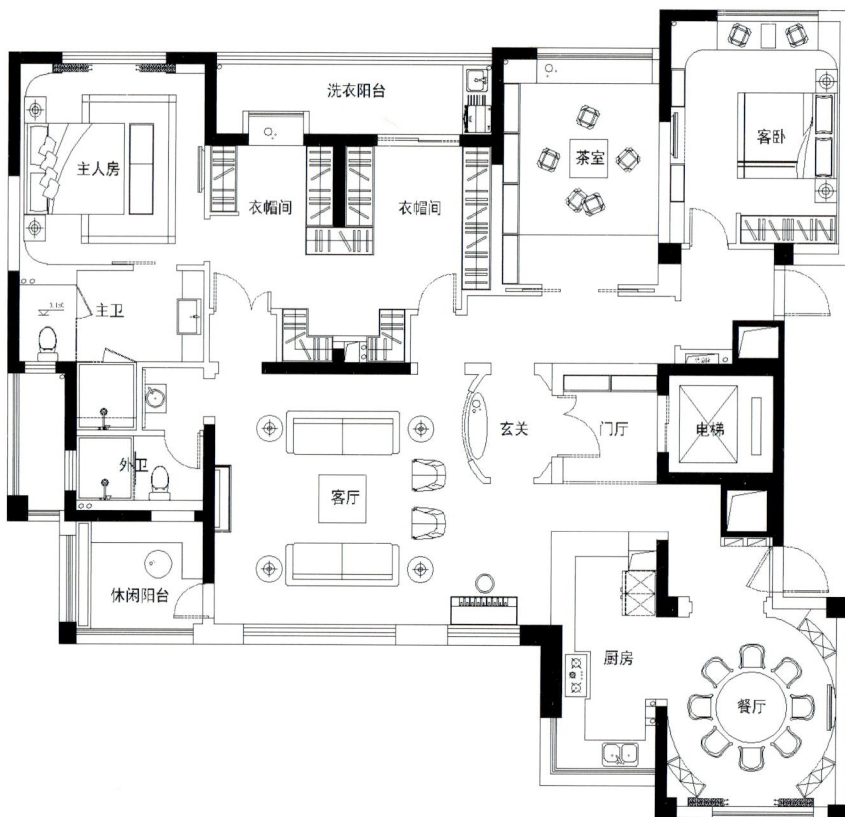

平面配置图

客厅奢华的内饰创造独特的美感，古典、优雅的空间气质扑面而来。整体的背景基调为白色，天花板造型也较为柔和，因此饱和度很高的鹅黄色三人沙发与暗红色单人造型沙发的加入，丰富了空间层次，带来色彩的盛宴和视觉冲击力。

壁炉作为客厅的文化背景产物，复古又优雅，既起到装饰效果，也达到了采暖的实用要求，折射出主人对生活品质的浪漫追求。

炉架上展示的镂空烛台、雕塑处处透露着精致的小心思，花艺的色彩与背景墙面的装饰画相呼应，设计师将主人活跃的社交生活方式和对艺术的热爱巧妙融合在一起。

蓝色丝绒沙发和大理石底座、木质台面的角几又赋予了客厅一处较为私密的角落，营造出舒适怡人的空间氛围。

如何处理室内空间和地面的平衡度以及适用性，是门厅的设计重点。以"古典的、和谐的、不寻常的"与"新式"结合，这种设计越和谐，生存的时间越长。独特肌理的地毯处理和墙面古铜色框架玻璃幕墙设计相得益彰。

弧形的玻璃幕墙两旁是同色系的马赛克拼花，装饰桌的台面花纹与弧度也在色彩和造型上与墙面保持统一。镜面、不锈钢、大理石、马赛克等不同材质的碰撞，轻松勾勒出优雅、尊贵的气息。

饮食是家居中最浪漫的修行，圆顶的天花造型营造餐厅团聚、和谐的氛围，顶面造型灯可谓是亮眼的点缀。落地窗两边的展示柜美观与实用并存，在这儿，餐盘已不再只是餐具，它还是艺术品，展示出主人美好的生活态度。

一个得体的卫生间是主人精致生活的完美展现，黑、白两个经典的色彩结合在一起，单纯而简练，将现代与古典融合，化身为一种低调的奢华。其椭圆造型的墙面玻璃和贝壳材质的台盆独具韵味，轻松成为整个空间的视觉焦点。

好的设计不流于固定的形式，休闲阅读区展示给我们的是另外一种色调。其用色大胆，传递出浓郁的艺术气息。冷暖色调的碰撞组合，轻松勾勒出优雅而又不失活泼的居家氛围。

　　紫色代表着神秘与高贵，将其带入卧室设计中，再结合感性迷人的酒红色点缀，这份浪漫与优雅，同样令人心之向往。柠檬黄的床背提亮了紫色的背景墙，清冷与柔美并驾齐驱，绽放出女主人的浪漫情怀。黑、白、红色相间的斑马装饰画，也很能为空间加分。

　　卧室的落地窗前，一把珠圆玉润的红色单人沙发、一件朴实可爱的小脚蹬便打造了一个舒适的阅读空间。可以想象得到，在冬季的某个午后，窗外的阳光毫不吝啬地撒落进来，坐在这里享受片刻的阅读，该是多么值得雀跃的事情。

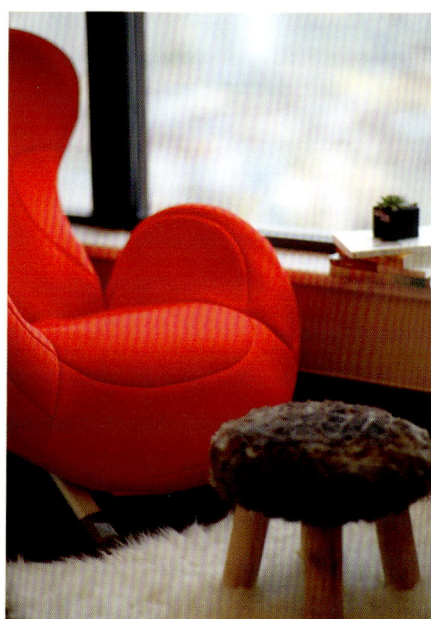

案例二：

项目名称：保集·湖海塘庄园
软装设计公司：贰三室内设计
主设计师：张丽聪
面　　积：450m²

　　玄关的空间不大，通过墙面装饰镜的配合，人为使空间的比例和尺度视觉发生改变，层次分明中表现新古典美的肌理变化。

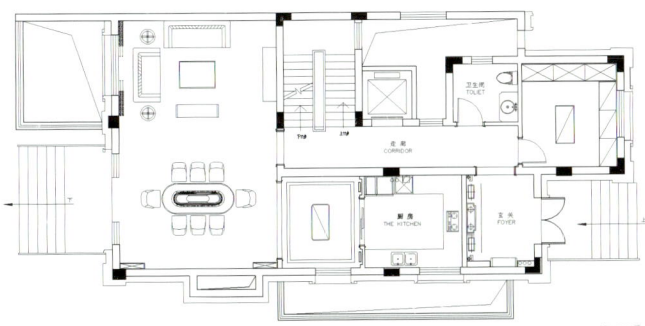

一层平面配置图

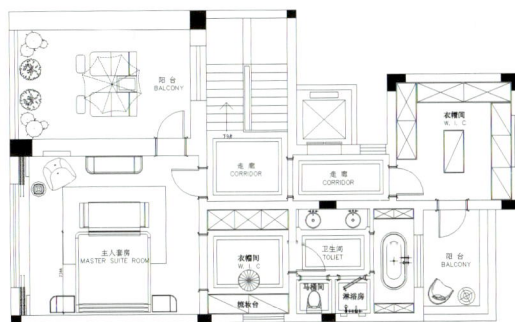

三层平面配置图

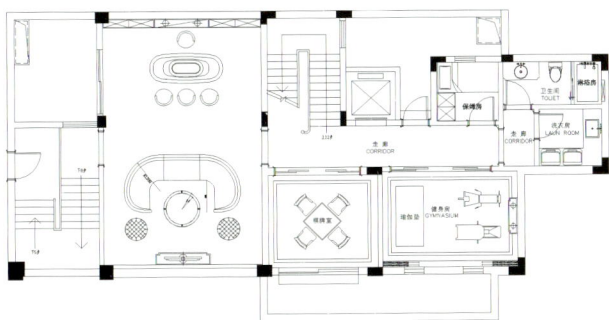

地下室平面配置图

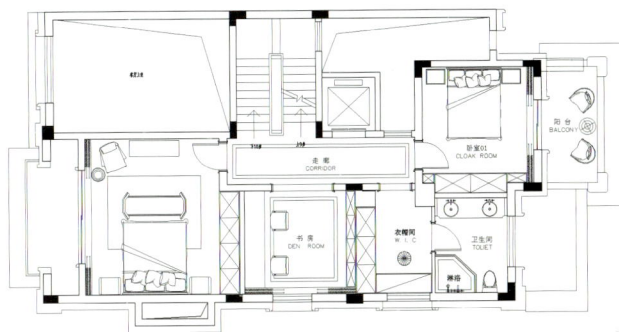

二层平面配置图

挑高的客厅彰显出大气磅礴的气势，大型的落地窗户引入室外光线，交织出一首悠扬且隽永的协奏曲。以新古典糅合现代元素，通过线板、石材、镜面材质等完美构图，挥洒在客厅的立面表现上。空间中，睿智冷静的"黑"与尊贵辉煌的"金"成为主调。设计模糊了东方与西方、古典与现代的边界，家具样式去除古典艺术的繁杂，却保留其精致，在注重比例美感的基础上，创造出丰富的场景和"新的华丽"篇章。

开放的餐厅提供了三代同堂与亲朋好友来此聚会的尺度空间，也增加了彼此间的情感交流，细细品尝幸福的味道。餐厅家具以啡色为主，再配上新古典风情的线板与灯饰，达到屋主所希冀的空间韵味。艺术灯饰散发着温暖的光芒，谱写着礼序的乐章，华丽、复古与时尚相互交融。设计师透过家具、器物以及自然因素，组合了一场关于新古典的视觉梦境。

健身房强调设计的仪式感，大尺寸的灯饰透过简约的造型、几何图案的重复与金属色彩的介入，形成雕塑般的艺术感。点线面的构成浑然天成，以强烈的色彩、节奏与特殊的韵律构筑出别致空间。古典与当代设计在此自由混搭，空间充斥着奇特魅力。

儿童房以均衡对称的线板、壁灯及床头柜演绎着新古典经典的态度，谱奏曼妙的空间乐章。明快的色彩、自然的线条通过视觉设计与材质组合，再搭配家具一起形成全新设计，营造活泼明快的童趣氛围。

案例三：

项目名称：绿地海外滩
软装设计师：简名敏
面　　积：115m²

　　玄关即开门见山将新古典气韵尽数展现。讲求造型的整合与延续性，利用原木墙面与线条切割构成的纯白柜门，串联起空间的路线，兼具出门前整装的实用性。

　　餐厅沿袭了古典欧式的奢华，加入现代元素，使空间兼容华贵典雅与时尚现代。色调方面，以浅色系为主，以原木色系和深色系为辅，融合别致的灯具，在精益求精的细节处理下，空间彰显出贵气、浪漫。宽敞明亮的空间配合着和谐统一的简洁色泽，沉稳有力，气度非凡。

　　流畅的墙面原木线条带来了反差与张力，使整个空间弥漫着一股不落俗套的前卫气质，时尚感也呼之欲出。同时，它所体现的安逸之感，在古典元素间不经意的表现恰如其分。犹如艺术品的餐具、花艺点缀为空间带来生活的质感，其价值与艺术感，凸显出屋主尊贵的身份和高雅的审美眼界。

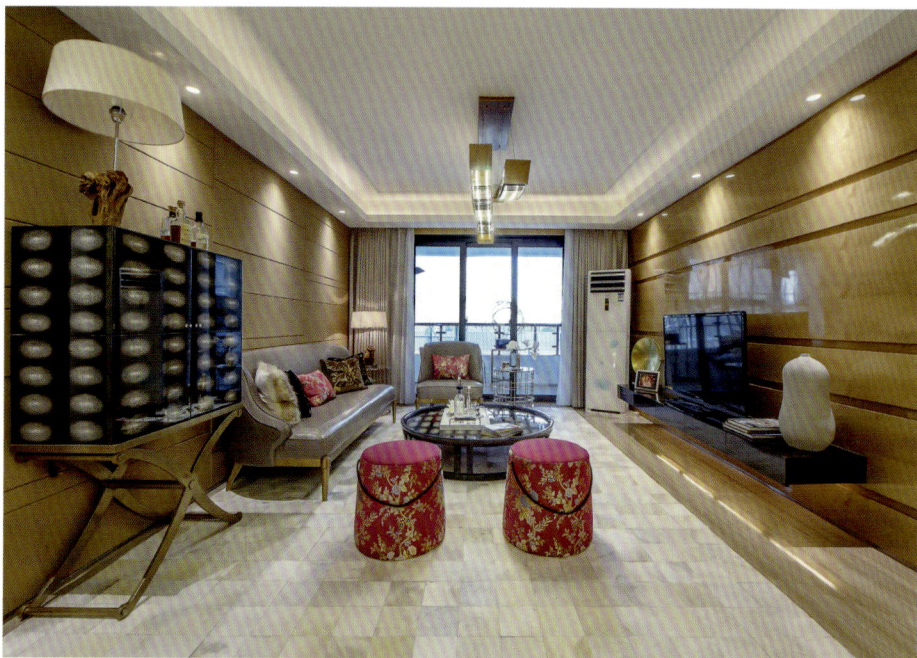

本案以新古典风格为设计基调，注重每件饰品的独特性与趣味性，以浓郁的复古浪漫情怀和大胆的创新精神将古典与现代完美融合，对古典风格作出新的诠释。简化的石膏线条勾勒出干净利落的天花线框，丰富了空间层次，暖色系的抽象艺术画和紫色软包凳为空间增添了色彩。灰色沙发、米色地毯结合着新古典家具，打造出惊艳的雅致空间。

客厅从繁杂到简单，从局部到整体，镶花刻金一丝不苟。摒弃了过于复杂的肌理和装饰，以优雅而唯美的姿态，展现平和而富有内涵的气韵。呈现古典而简约的新风貌，是一种多元化的思考方式，在不失华丽典雅的同时把空间的实用性和品质感发挥到极致，诠释着新古典的完美形式。

展示柜在灯光的映衬下，投射在地面的影子也发生了重复几何图案的变化。

主人的生活品位在厨房里可以一窥究竟，不仅从收藏的艺术品上散发出来，更从严谨的线面构成里再次被提炼。一些新派的厨房设备被内置在整体厨房设施之中，低调而具功能性，让质感及品位自然散发其中。

　　柔和的光线打破了主卧空间的寂静，让人感受到活力与温馨。光线的照射像是远处吹来的微风，很柔、很淡，倍感舒适，但舒适之中又能隐隐感受到火焰般的热情，让人难以抵抗。雅致的整体色调结合轻奢的内饰，为空间的浪漫典雅氛围点睛，同时也体现出居者对生活的高雅品位和艺术的追求。

　　作为家中最重要的场所之一，卧室空间尤为重要，床品的选择更是点睛之笔。灰蓝色系通过不同花色、质感搭配白色纯棉床单，为主人打造出舒适与美感并存的睡眠感受。

　　卫生间色彩主调为大地色系，浴缸旁的羊毛垫毯柔软了空间，彰显出一份艺术气息。镜面嵌于柜体之上，扩充空间视感的同时兼具了强大的收纳功能。

男孩房的整体空间彰显出理性与活力的气氛，壁纸、床品、抱枕甚至衣服上都运用了条纹元素。家具的选择也完全符合小主人的年龄需求以及人体功能的尺寸，细节上的演绎使房间显得饱满丰盈。深浅变化的蓝色布艺搭配木质家具，柔和中带着刚硬，温和中带着果敢，一如父母对孩子的期许。

书房打破了古典主义的框架，简约而充满激情，清新又不失沉稳。空间为米黄色为主，辅以淡蓝和深咖色，书桌和书架造型都进行了简化，与现代的材质结合，呈现出简约的阅读区域。窗帘的遮阳幔与吊灯的运用能感受到一丝禅意。

案例四：

项目名称：尚品半岛
软装设计师：J&J 设计团队
面　　积：199m²

在这个低调奢华的梦想之家，首先闻到的清新味道来自设计师精心挑选出来的与家具配套的香水。映入眼帘的装饰品意在向来宾表达最热情的欢迎。放置在玄关桌上的托盘用来随手放置车钥匙，即使匆匆出门也不会忘记取走。

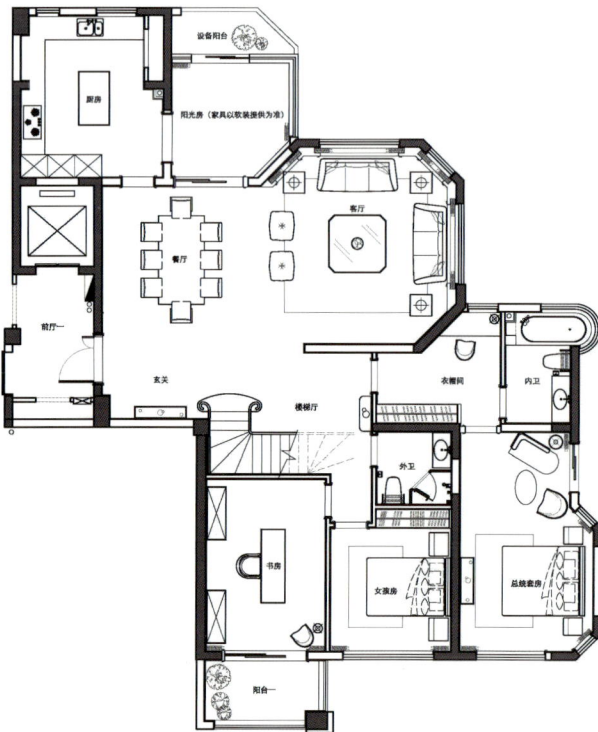

北
NORTH

平面配置图

由餐厅串联到客厅，满足现代科技感的大屏幕电视墙由意大利纯手工制作，并引入英国海德公园的豪装理念。客厅配备的日本黑影木材质家具与意大利的皮饰高度结合，营造出奢华的气息。

进入餐厅，餐桌上配置的是享誉世界的法国皇家品牌餐具，晶莹剔透的水晶烛台营造出华丽优雅的用餐氛围。

在软装的设计理念中，设计师将奢华别墅的概念融入其中，特别将厨房作出延伸增加了家庭阳光厅，并增设洗衣房，使得每一处空间都可以具有独立的使用功能。

在一楼的书房，男主人被定义为丘吉尔式对雪茄颇有造诣的绅士形象，在此空间内与朋友交流或会谈，角落的沙发椅为书房增添了客房功能。在书房阳台的空间，酒柜里安静陈列着酒具，男主人可以在此与友人共度欢乐时光，饮红酒、品雪茄。

沿着楼梯缓缓走入二楼，我们将男女主人一起享用早餐的空间移至阳台，在这里他们将一起安静度过每个清晨和黄昏，品味人生的缤纷。

二楼的卧室，厚实、简洁的不锈钢器具彰显男主人不俗的生活品位，传达出洒脱干练的男性气质。衣帽间内陈列的物品是男主人对完美生活品质的坚持，营造出摩登、个性的男主人独享空间。

有着良好素养的 15 岁少女，热爱生活、热爱音乐，处在人生最美的年华，对未来的生活充满期待。为此，女儿房家具的主材质选用了清爽的雀眼木，结合时尚、俏皮的家具造型，古典与摩登在此交汇碰撞。相框内嵌的照片，那是家人对她无限宠爱的写照。

女主人房体现出女性精致的生活方式。优雅排列在衣帽间里的服饰是女主人对生活质感的孜孜追求。在生活用品的选用上会秉持环保、健康的生活态度，更多地倾向于选择自然的质材，棉制织物扮演着重要的角色。

！项目总结：

在此方案的软装设计中，布艺的选择有一些主题性的表达，甄选了意大利的家纺品牌，所有接触人体的布艺均为高级的棉织品，贴合肌肤。因为样板房独具的展示性，在重点空间陈列的靠枕将更多倾向于对奢华理念的表现。

细节方面，整体空间还配备有两处高品质音响，并选择不同主题的音乐分时段播放，无论是早餐、午餐、晚餐还是清晨、黄昏和深夜，都有美妙的音乐伴随。

？如何打造新古典风格？

①摒弃过于复杂的肌理和装饰，简化线条。

②白色、金色、黄色、暗红是新古典风格中常见的主色调。

③客厅窗帘多选用大气的罗马帘，其他空间的窗帘样式则素雅、有质感。

④洛可可式的梳妆台、古典床头还是会经常使用。

⑤大胆将简约、现代的设计元素融入其中。

⑥常见的壁炉、水晶灯是新古典风格的点睛之笔。

⑦一般选用雕塑、巴洛克时期的油画配以现代感强的画框、花艺等，让人们体会到古典的优雅与雍荣。

⑧古典水晶杯、柔软的餐巾、不锈钢餐巾环、个性化的餐具，都是体现主人品位的元素。

⑨床上用品的铺设不要过于复杂。

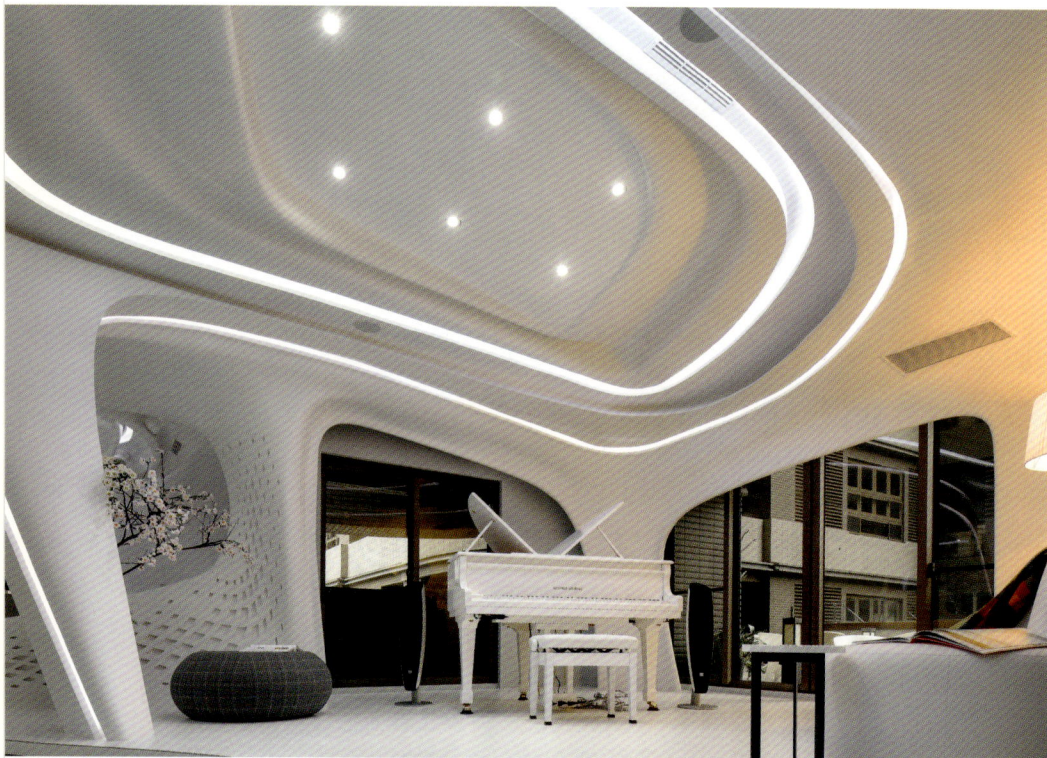

室内以纯白色为基调，搭配灯光、弧状线条，将空间视觉向上延伸放大，修饰梁柱。没有特定的设计语言及风格，因为这会降低设计者的创造力，扼杀创新和探索的机会。设计师坚持创作多样化的理念，令人感受充满线条语汇的空间张力。

设计师重点提示：

迷你橱窗，也可称之为"瓶中花"。其意义在于当装饰的空间被锁定在小范围内，或需要保持透视感的效果时，可在大小不一的玻璃瓶内利用各种装饰元素，搭配形成主体性高的、高度浓缩的装饰效果。除本图的"海洋气息"主题外，还可根据现场氛围进行其他主题，如"沙漠之舟"、"盆栽"等。

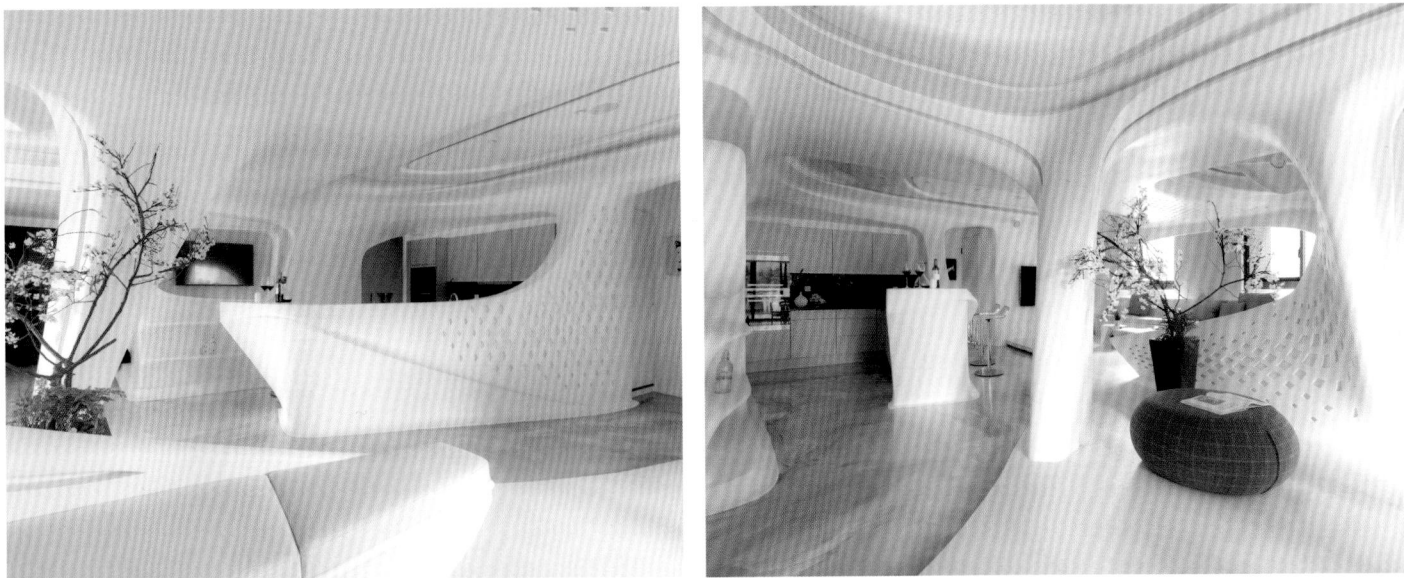

设计师以 Epoxy 材质表现水墨波纹效果，像河流般引导空间动线。于弧形壁面描绘菱形图腾，随着曲线变化展现不同肌理效果，让光影更有层次。型构空间没有对或错、好与不好，只有是否符合使用者需求及对于空间使用上的延续性，通过这次大胆实验性作品，探索机能住宅各方面的可能性，寻求不同生活模式。

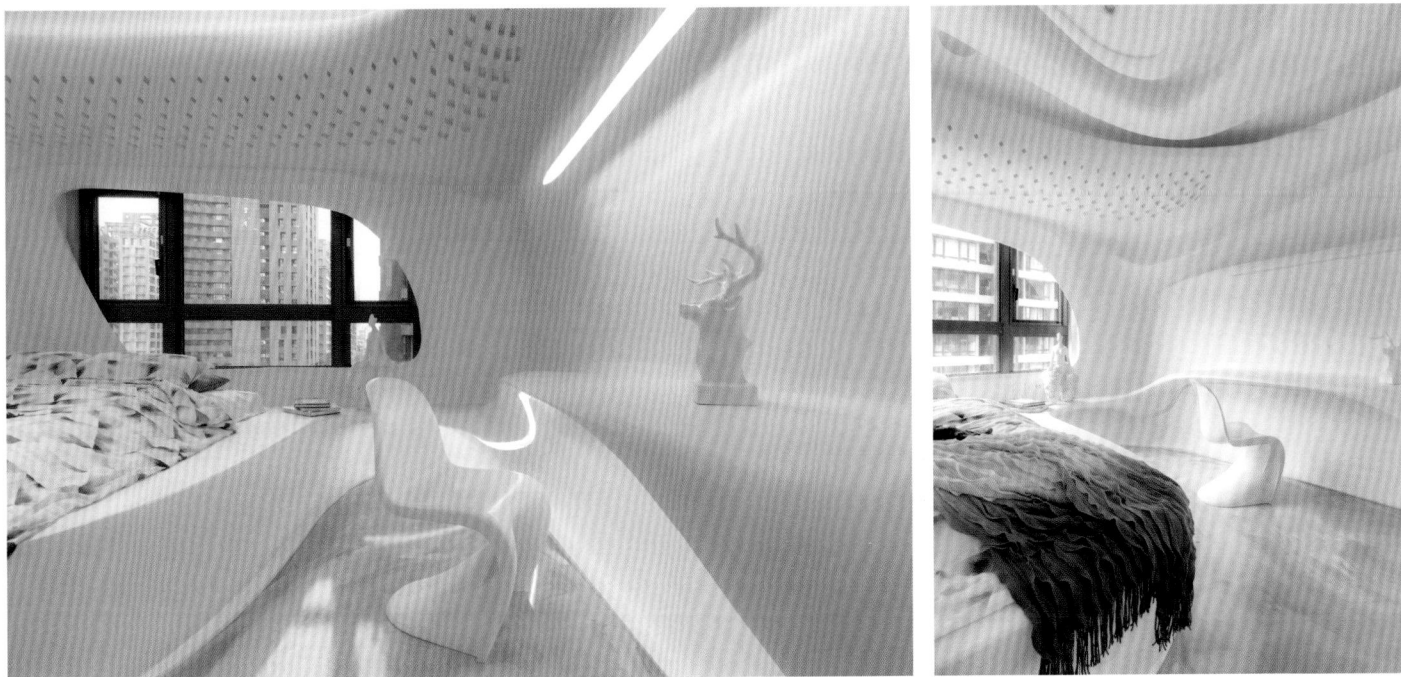

空间内部呈流动状态，随着动线变化走动，每个弯位都有意想不到的空间表情。以模板定制床座，从床头延伸床边柜与书桌，打造一体成形的弧形空间。在可利用的墙面上设计置物柜，并透过弧形框景和灯光情境变化，演绎空间的独特气质。

案例二：

项目名称：丹桂苑别墅
设计公司：金元门设计
设 计 师：葛晓彪
摄 影 师：刘鹰
面　　积：340m²

一层平面配置图

　　这是一栋老房子改造的单体小别墅，不仅要对其进行内在的设计，还要兼具室内结构的调整以及外部建筑的规划和改造，对设计师而言具有某种特殊的意义。

　　进入玄关，马上被头顶的灯光所吸引，设计师采用可塑性很强的蓝色金属线条相互交织串联起来的灯饰，和几案上几何感图案的工艺品相互点缀，而几何版面的蓝绿色地毯和台面上的装饰画又似画龙点睛一般，可见设计师的巧思。这些由设计师自行创作的家具饰品，让人穿梭于抽象与具象之间，完美融合在一起。

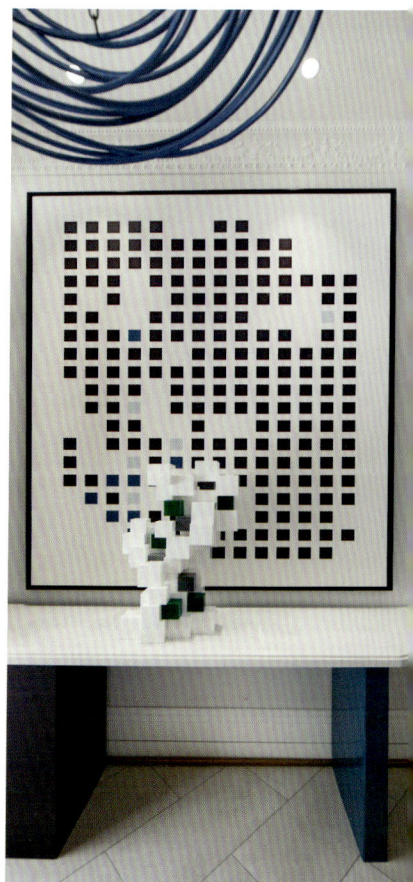

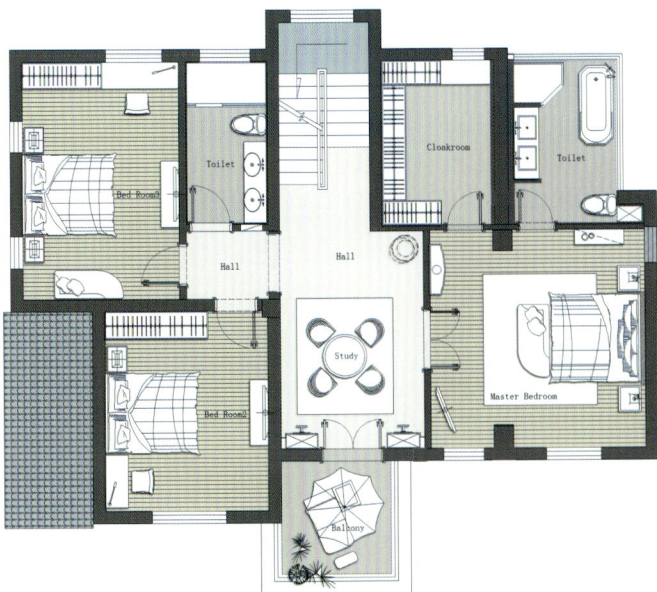

二层平面配置图

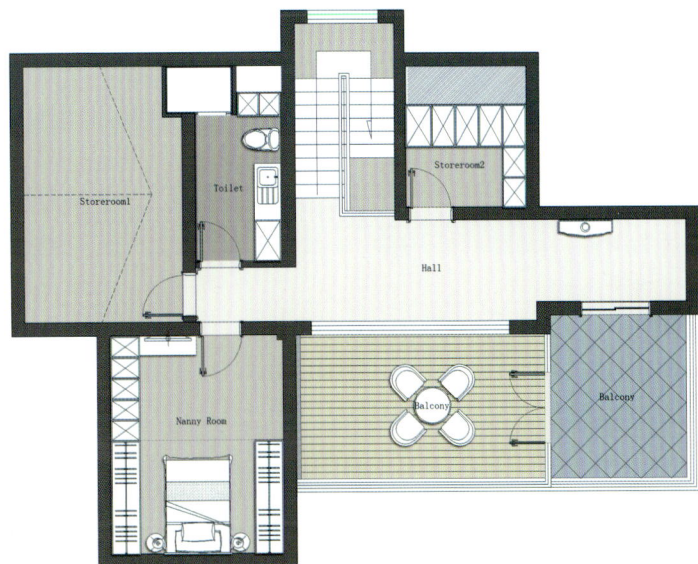

三层平面配置图

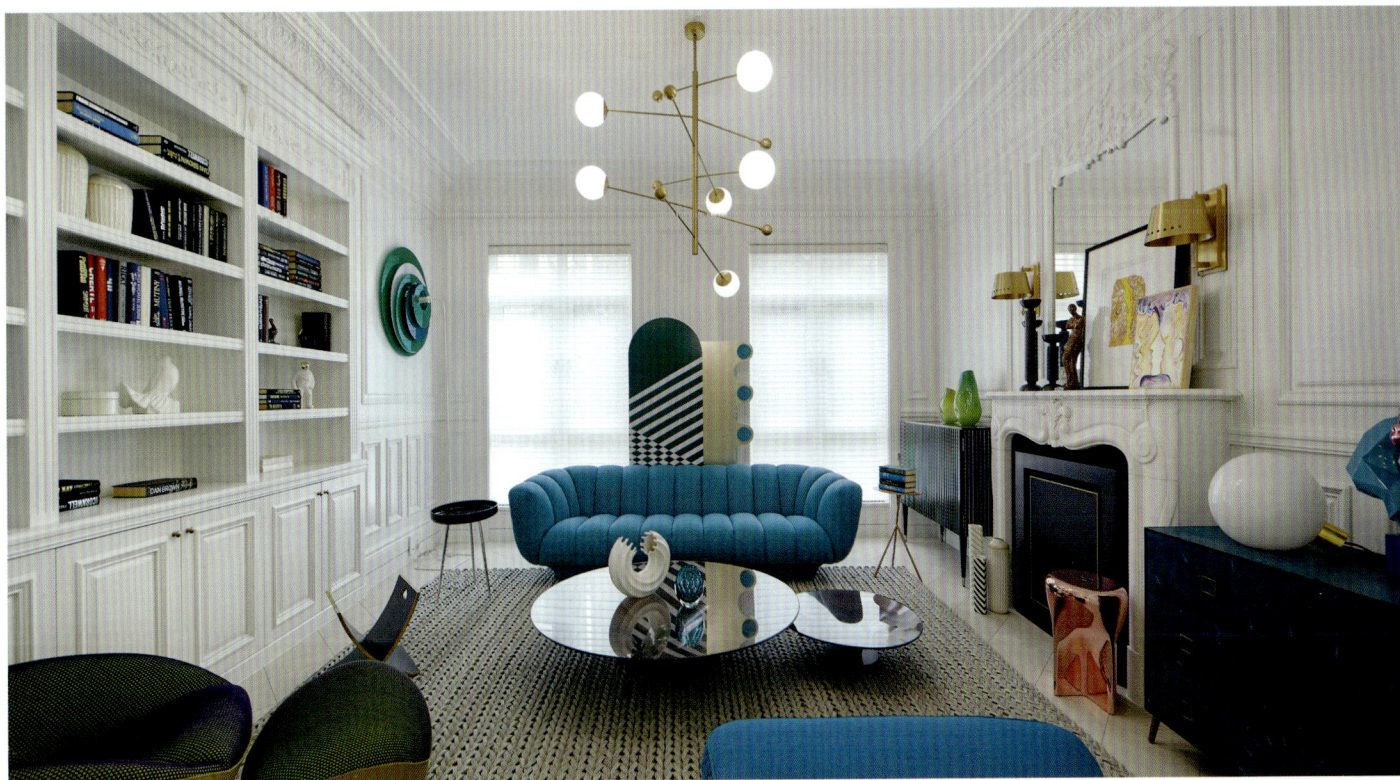

　　步入客厅区域，便会被软装布局深深吸引，用古典的装修来搭配现代的罗奇堡家具，色彩丰富、随意而又摩登。形似 UFO 的茶几有着黑珍珠般的贝壳光泽，让人有坐下来细细品味的冲动。

沙发背后的几何图案屏风是广告牌和室内相互结合的产物，打破了每个物件单色的局面，融洽地安置在最后角落。一旁白色护墙上安装的亚克力圆形灯饰，又像一个装饰品风光旖旎地静置在那里。

细节最能看出设计师的功力，地面上斜铺的"人"字形地砖打破了过度的方方正正。通往餐厅的过道也用护墙包裹，在墙上时不时出现一些自行设计的画作，让空间的脉络更为清晰，诉说着我们想讲的故事。

这里仿佛是家的游乐场，在一个色彩斑斓的艺术空间中，色彩与形状相互交织，繁复之余令人遐想。这里有着独具匠心的场景元素，融合成一场趣味风情的家居盛宴。

　　餐厅处用护墙和涂料的结合来调和氛围，让空间的比例更为修长，选用的橘黄色涂料随着光影的折射越发柔和，高低错落的各色形状吊灯则让这个空间更为灵动。设计师选用打了蝴蝶榫的长餐桌，不经意间让我们回想起过去时光的匠心精神，心思细密。

厨房是细致入微的地方，在改造前的布局中，该区域并没有这般开阔大气，设计师的想法是舍弃原始格局中厨房后的一个空间，让整个厨房显得更大，也更为通透敞亮。他认为厨房也是一种居家文化，一家人围坐在吧台上看着女主人做饭时的场景，该是多么幸福的事情。橱柜处，设计师运用上下分色的做法，让层次更为分明，而一旁墙面上的印尼漆画则把整个空间推向了高潮。

拾级而上二楼，楼梯处各式质感与线条造型随光影勾勒得更为立体，带有浅灰色调的涂料就体现了这个功效。简明的黑白两色运用形成了独特的视觉感受，又在回转间有了线、面的对比，让人真正体会到艺术中捕捉视觉之美的能力。

二楼首先映入眼帘的便是书房兼休闲厅，在两排摆满了各式图书的柜子上，也展厅了主人的喜好和品味。此时的纱幔随着徐徐清风微微摆动，美妙而又浪漫，而天花顶面的装饰线条则显得雅致而又富有情趣。

在休闲厅的左边，双开门处便是主卧，简洁线条模糊了界限，各种经典的元素清晰可见，它出现在墙面、床背等设计细节之中。

小孩房的卧室各有特色，小儿子房活泼俏皮，黄色的菱格斗柜和动物造型玩具相互协调，让人沉醉在童年时期的美好当中；大儿子房则显得相对稳重一些，运用当下最流行的藕粉色搭配英伦格子的床品，在不同光线照射时，折射出别致的细节与质感。

老人房具有良好的落地采光，运用墙面和床头柜上的装饰画来中和沉稳的色系，织物的质感与背景竖格墙板形成呼应，不同线条交织出别出心裁的和谐美学。

阁楼走廊采用阵列、对称的陈设布局营造空间仪式感，让空间引导生活，潜移默化。融入自然元素的陈设品，空间自然灵动，体现轻松、温馨的氛围。金色与黑色的混搭，尽现优雅和极致。

！项目总结：

作为一个跨界的设计师，自己的思想从不设限，他认为设计是无界限的，只有不断地从其他领域中去汲取精髓，才会不断完善设计。正因为如此，他的设计手法似乎没什么规律可言，也没有用什么特定的方式，有的只是对原创的青睐。他用那随心所欲的创想、不受束缚的精神去自由地设计，不做重复的东西，不定义风格却也是一种风格。

看得出来设计师有自己的设计习惯，能够想象得出他在这个项目中所花的心思，通过与装修工人、木匠、石匠和各类匠人的探讨，创造出了这个独特而又有突破性的作品。他的创作涵盖了方方面面，而这一切都是围绕空间开启，小至一件家饰，大到生活氛围的营造，引领出业主当下的生活品质。

摩登风格花艺

? 如何打造摩登空间?

① 选择金属、涂料、玻璃、塑料以及合成材料，并且使材料之间的结构关系更夸张。

② 摩登家居的陈设多以冷色或者具有个性的色彩为主。

③ 空间保留最佳、最高的视觉透视性，体现空间层次感。

④ 室内家具摆设少，有较多的空间留白。

⑤ 墙面一般较大面积留白，较少挂画。

⑥ 摩登家居的装饰品材质，通常选用金属类。

⑦ 布艺、窗帘造型简洁、摩登，富有质感。

⑧ 家具造型要有设计感。

⑨ 灯光设计要尽量让每个空间都具有基本照明、特殊照明、气氛照明的功能。

9 现代简约
Minimalist Style

现代简约风格大多选择简约的线条装饰，显得柔美雅致或苍劲有节奏感，让居室能够充分享受由简约线条组合起来的留白空间。享受空间的魅力以及留白，这是简约主义里最重要的主题和特色。说到简约，我们通常会想到空间的简约、家具的简约、主人生活方式的简约以及所有装饰用品的简约，它们共同构成伶俐、干净、色彩不多的居室空间。

现代简约看似简单，但其背后却凝聚着设计师的独具匠心，力求美观而实用。当今社会，高房价促使了小户型住宅的产生，在面积较小的空间里，没有

必要购置大体积的物品或做太过繁琐的装饰。在选择家具和饰品时，尽量以不占面积、方便折叠的多功能用途为主，既注重生活品位、健康时尚，又注重合理、节约的科学消费。

简洁和实用是现代简约风格的基本特点。简约风格不仅注重居室的实用性，而且还体现出精致与个性，符合现代人的生活品味。现代简约历经长时期的洗礼，无疑是一种非常有特质的生活方式和具挑战性的装饰手法。其装潢手段已从繁复到简洁，从复杂到单纯，从占满空间陈列的摆设到凸显焦点式的画龙点

睛装饰进行改变，如窗户装饰就由多重图案的窗幔转为单直帘或单片窗帘，色彩也已由多重转为单主题色彩的用色。

现代简约最大的特点是同色、异材质的多重叠使用，使装饰耐看、耐人寻味，创造更高的欣赏价值。异材质、同色系的艺术品在不同的位置和灯光搭配一起，却能用光影和环境产生的意境达到一种创作美。在许多简约的装饰里，其实等差比例构成的"夫妻装饰"，如柱面或饰品的大小、黑白、阴阳、刚柔的对应效果通常在表达简约的无色中是最能体现其神奇魅力的手法。

案例一：

项目名称：深圳中心·天元
软装设计：安奥拉时尚装饰
面　　积：380m²

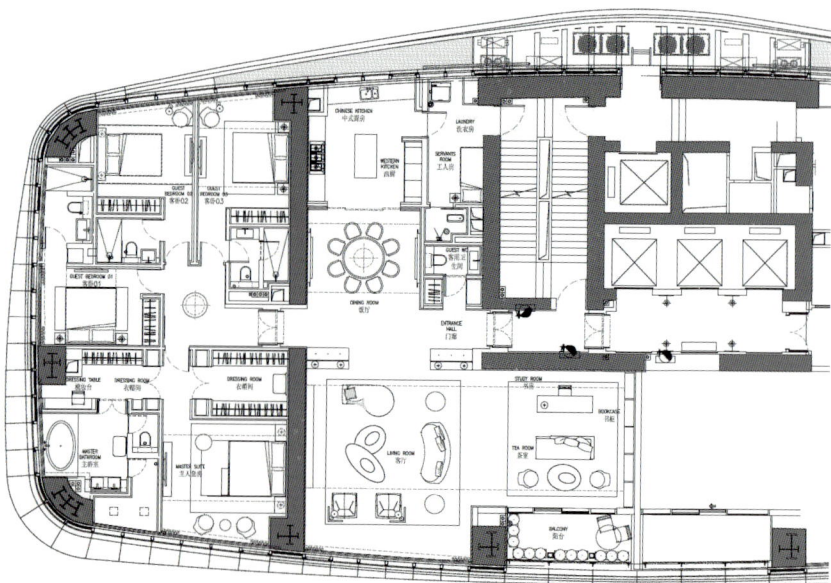

平面配置图

真正的奢华，不只是表面的华丽，而是褪去浮华，重塑生活本真的雅致空间。正如刘禹锡所描绘的"无丝竹之乱耳，无案牍之劳形"一般，营造出静逸温和的生活空间，是最初的设计意愿。

室内最大限度地保留了空间的开敞性，客厅、书房、餐厅、厨房等几个空间流通起来，通透自由，极具人性化。空间色调以高级灰与木色为主，以浅色橡木、大理石为主材，搭配雅致的丝绸墙布，主打低调奢华的格调，传递出成功人士的内敛，更营造一室静谧与悠然。

设计师重点提示：

简洁、实用的个性化空间：

由于线条简单、装饰元素少，现代风格家具需要完美的软装配合，才能显示出美感。例如沙发需要靠垫、餐桌需要餐桌布、床需要窗帘和床单陪衬，软装到位是现代简约风格家具装饰的关键。一张沙发、一个茶几、一个电视柜，简单的线条，简单的组合，再加入超现实主义的无框画、金属灯罩、个性抱枕以及玻璃杯等简单的元素，就构成一个舒适简单的客厅空间。在沙发上小坐，身处其中，会有种来到某个闺密家中一样的感觉，轻松自在。

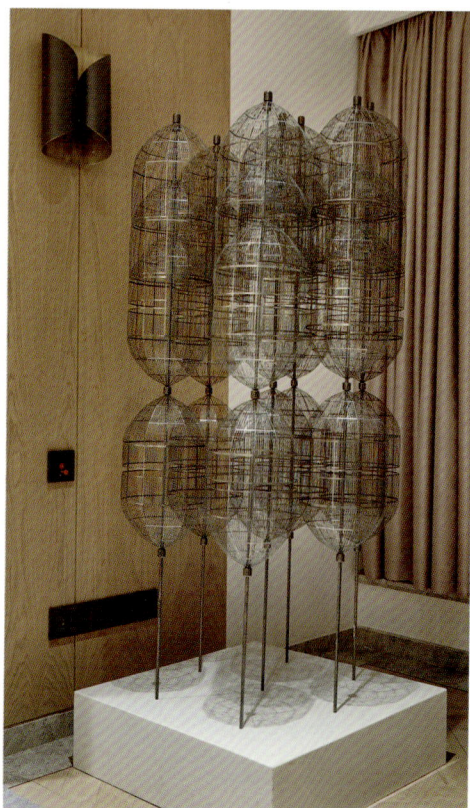

　　每一件物品都凝聚着设计师对当代艺术的诠释与热爱，譬如极具空间立体感的"行走的灯笼"、巴黎街道主题的金属立体画、瞿广慈的"彩虹天使"雕塑，勾勒出了时尚、前卫的空间张力。

书房里 Minotti、Moroso 等经典品牌家具汇聚了优雅、贵气、现代等气质，既融于空间的稳重之中，与之产生共鸣，又因各自的特质而碰撞出一曲视觉上的乐章。

餐厅是家居生活的心脏，不仅要美观，更重要的是实用与便利。灯光很重要，不能太强又不能太弱，所以设计中以温馨柔和为基调，顶部简单的吊顶突出了灯具造型的艺术魅力。餐桌两边的墙面悬挂着对称的装饰画，增添了餐厅的情调，桌上的花艺则起到了画龙点睛的作用，使环境充满生机与活力。

设计师重点提示：

多功能的个性空间：

现代风格家居重视功能和空间组织，注重发挥结构构成本身的形式美，造型简洁，反对多余装饰，崇尚合理的构成工艺，尊重材料的性能，讲究材料自身的质地和色彩的配置效果，发展了非传统的、以功能布局为依据的不对称构图手法。一张沙发、一个茶几、一个酒柜的客厅却显得相当繁华热闹。

现代感的厨房以全新的收纳逻辑，改变原本缺乏系统性的烹饪方式，让生活更加井然有序。大型的原木橱柜成为厨房领域的视线焦点，延续到白色中岛，平衡又干净利落。

　　主卧亲和的空间氛围从容、低调，显露出主人稳重而包容的成熟心态。Wtellar works 的品牌休闲椅有着高雅的孔雀绿，在织料细腻质地的衬托下，是空间的一个亮点。简单的时尚并不代表随意的堆砌，更多的是经过深思熟虑后的创意思考。无需刻意的雕琢，一张精致且简单的睡床就能大大增加卧室的时尚指数。

利用室内凹处规划衣柜，运用半开敞式的更衣室概念，采用简洁的线条打造主卧衣帽间。胡桃木的材质兼顾了设计感与环保性，简约的线条加上不刻意做满的展示柜体，转换着收纳的可能。一侧墙面的穿衣镜在修饰空间的同时也反射出利落感，现代又不失优雅。

大地色的瓷砖运用让整个卫生间有一种柔和的温暖感。将浴缸设置在靠窗位置，让主人在沐浴的同时可以享受阳光带来的休闲感觉。立面的镜面可以延伸空间视觉效果，给人一种宽敞的感受。格局分明的干、湿空间，使用的时候更为便利和通畅。

　　客卧整体的设计走的是朴素、清爽的路线，一款西班牙品牌 Mikmax 的床品十分符合这一气质，更增添了空间的宁静与灵动。床头与墙面的合二为一延伸了整个卧室的高度，自然、轻松的造型，简约的装饰线条，充分展现出家具的细节特质。

另外两间客卧的设计相对来说会多了份沉稳，结合空间营造整体中性的配色，很好地呼应了整个居所的基调，是作为这段乐章很美妙的结尾。

案例二：

项目名称：海珀璞辉
软装设计师：简名敏
面　　积：100m²

　　住宅的硬装设计较为简单，白色石材地面让整体显得素雅而沉静，落地窗户为室内迎来充足采光，地毯与地板融为一体，带来视觉上的延伸与过渡效果。因为简单，才洞悉心灵。本案的设计删繁就简，整体色彩定位中性色调，进门第一眼就让人感到整洁明亮。没有太多繁琐的装饰，几何造型沙发上方悬吊镂空吊灯，原木角几上摆放的根雕台灯，简单的物品构造安静、清新，仿佛时间已静止，空间动静分明，忙而不乱，给人留下美好的难忘体验。

空间具有简洁明快的基调，经典款的家具烘托出低调、时尚的空间氛围。木质的温润、皮质的时尚、黑色面板的纯净形成了直接的意象，让生活与时尚的结合无懈可击。

客餐厅一体的开放式设计，使空间观感达到最大化，保留视线的自由延伸。装饰选材上摒弃了浮华的材料，运用简练、利落的线条造型将细节深藏其中，空间仿佛是灵动的、彰显出一种简单、幸福且心灵饱满的生活品味。

餐厅选用线条简洁的深咖色餐椅及黑色餐桌，让餐厅自然融入公共空间。旁边的两面墙体运用镜面不锈钢的反射功能提升空间高度，并以十足现代感的造型灯具营造视觉焦点。

餐盘、餐具的色彩也与餐桌椅呼应，造型现代简约。

宽敞的 L 型厨房赋予空间张力，遵照主人的烹饪习惯将功能进行了划分，形成一个科学的动线。中国人热爱中餐，很多人使用洗碗机的经验不多。入住添置餐具时，需要考虑是两人组、六人组还是八人组等，这样方便使用并购置合适的洗碗机。

婴儿房大量使用米色与纯白的色彩，让空间始终弥漫着温润舒适的居家氛围，粉嫩的茶杯套组以及墙面的照片组合让室内多了一份活泼可爱的气息。婴儿会慢慢长大，房间的使用功能也会随之发生变化，中性色的运用为未来的改造提供了各种可能。

书房准备了多重的开敞式柜子，柜子背景的镜面处理增强了书房的通透性，强大的收纳和展示功能方便放置大量的书籍、装饰品。书桌的设计与飘窗巧妙结合，空间得到了充分的利用。空间注入现代主义的设计理念，摒除多余装饰形式，透过飘窗玻璃引入自然光源。家具做工考究，精致细腻，专注于内部的处理。

设计师重点提示：

书房在陈列书籍时，经常使用的书籍须摆放在举手可得的位置；收藏性的书籍可摆放在比较高的地方；系列书籍按次序排列可为我们寻找书籍时提供便利。

入门的玄关是展示主人生活细节的窗口。面积极小的嵌入式玄关柜经过设计师的巧思，得到了空间利用的最大化。这里仿佛是一个浓缩版的衣帽间，可以收纳50双鞋子，行李箱、高尔夫球杆都能有自己的一席之地，天花板上也可以放置暂时闲置的小物件。

室内唯一的洗手间进行了干湿分离处理。洗手台、卫生间和淋浴间都可以单独使用，开放式的格局无形中增加了盥洗空间的深度，视觉上也通透许多。运用垂直线条的分割与石材融合，演绎丰富的层次表情，成为空间留白部分最写实的动态魅力。

利用层板置放不同生活用品，井然有序，收纳于无形，整体感觉既干净又清爽。没有过多的装饰，仅以自然简洁的手法展现简约风情。微妙的纵深，米色大理石与木质材料铺陈，拉长视觉感，在开放的空间布满实用机能，舒适惬意。

设计以一种简单的态度去审视使用者的生活空间，缜密地将细节呈现，舒适的空间感隐藏在那股简约之中。墙柜内嵌几道长型的置物空间，内含主人收藏的美好。天花射灯将床背远景框起，与两侧的台灯灯光产生奇妙的光影效果。大面积的衣柜在侧面和柜体下方都有巧思，使其除了收纳衣物以外也多了一个展示功能，格局富有意境。淡色木质元素，灰色布艺，营造出惬意宁静的睡眠空间。

案例三：

项目名称：倚山花园
设计公司：台北联合 & 林福星联合空间策划有限公司
设 计 师：欧志为、刘碧锋、巫凯龙、唐粉珍
面　　 积：76m²

客厅线条简单、造型简洁，没有多余装饰，讲究材料自身的质地和色彩的配置效果。过多的颜色会给人以杂乱无章的感觉，而现代风格中更多地会使用一些纯净的色调，局部跳色，给人耳目一新的惊喜。设计师通过布局、吊顶、材质的区分来完美分割空间，既满足了整体的美观设计需求，又很好地兼容了储物功能。原木角几的色彩似一股暖流，打破了整体空间黑、白、灰色调的冰冷和刚硬质感。

① 扣布硬包（墙面）
② 木地板（地面）
③ 雪花白大理石（墙面）
④ 波浪板（墙面）
⑤ 茶几（陈设）
⑥ 单椅组合（陈设）
⑦ 吊灯（陈设）
⑧ 多人沙发（家私）
⑨ 装饰画（陈设）
⑩ 角几（陈设）
⑪ 台灯（陈设）

客厅主要材料及陈设

平面配置图

　　餐桌与厨房操作台的联结正是极简设计的艺术所在。巧妙的是，这两部分亦可分离不受影响。如此设计，为客厅预留了足够的空间容量。在墙面的设计理念上，利用最简化的水波纹进行强化，从而产生律动的奇妙化学反应。

　　室内采光设计简单，光线透过观景阳台流淌着进入室内。家具造型时尚前卫，轮廓简单流畅，同时还具有强烈的色彩对比。家具和软装的完美配合，能够彰显出一种别致的时尚简约美感。

① 墙纸（墙面）
② 木地板（地面）
③ 艺术玻璃（墙面）
④ 波浪板（墙面）
⑤ 陈列柜（陈设）
⑥ 装饰画（陈设）

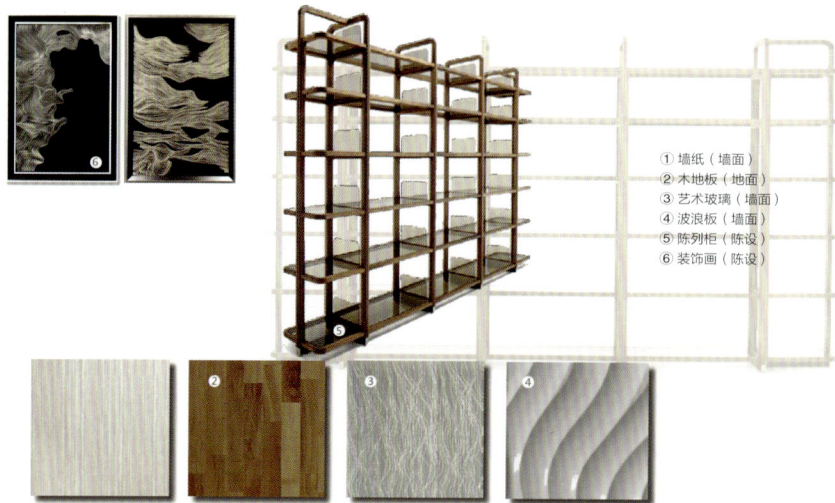

功能房主要材料及陈设

茶室看似简洁朴素的外表之下折射出一种雅致的贵族气息，这种气质往往通过一些精致、时尚的软装元素得以体现，现代与雅致并重，强调简单中带有时尚的心灵感受。简洁大方的条状博古架以及榻榻米的灵感来自日本文化，并将其精髓进行了提炼和简化后再呈现在茶室中。

餐桌旁的酒柜色彩采用浅木和石材搭配，并在局部巧妙运用玻璃来扩充空间，明快且清新。流畅的空间与精心陈列的酒、灯具完美结合，并穿插一些不锈钢、镜，空间看起来既前卫时尚又温馨舒适。整个空间在注重装饰效果的同时，更以简洁的表现形式来满足人们对于环境那种感性、本能和理性的需求。

① 艺术玻璃（墙面）
② 木地板（地面）
③ 墙纸（墙面）
④ 电视柜（陈设）
⑤ 地毯（陈设）
⑥ 床（家私）
⑦ 吊灯（陈设）
⑧ 装饰镜（陈设）
⑨ 床头柜（陈设）
⑩ 窗帘（陈设）

卧室主要材料及陈设

　　主卧简约而不简单的现代装饰，各种心思独到的点缀和饰品，处处让人感受到优雅的气质和温暖的生活。白——永恒的贞洁善良之色，灰——似混沌，是那种天地初开最中间的灰，红——象征着热烈和活力，当黑白灰与低调奢华的香槟金碰撞，便会形成强烈的明艳对比，让空间活跃的同时给人视觉冲击力。

　　主卧卫生间简约的设计能带来心灵上的感动，以最精致的设计语言简化线条，配合洁具的形状糅合、提升，呈现别具一格而又有内涵的时尚感。

　　大量使用钢化玻璃、不锈钢等新型材料作为辅材，也是现代风格家具的常见装饰手法，予人前卫、不受拘束的感觉。

案例四：

项目名称：杭州大关售楼处
软装设计师：简名敏
面　　积：1200 ㎡

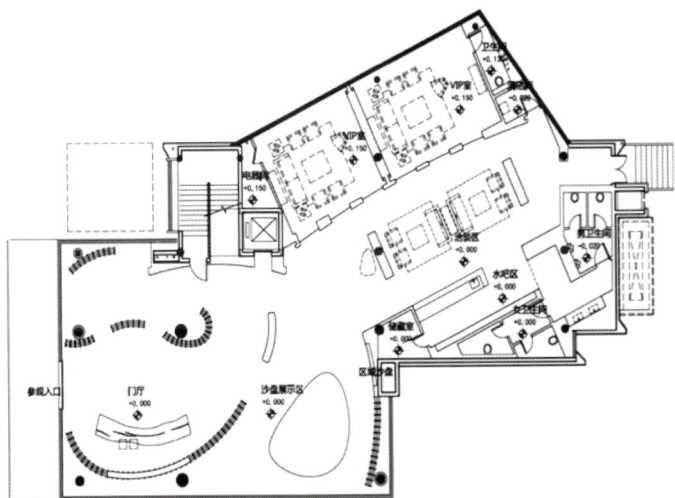

一层平面配置图

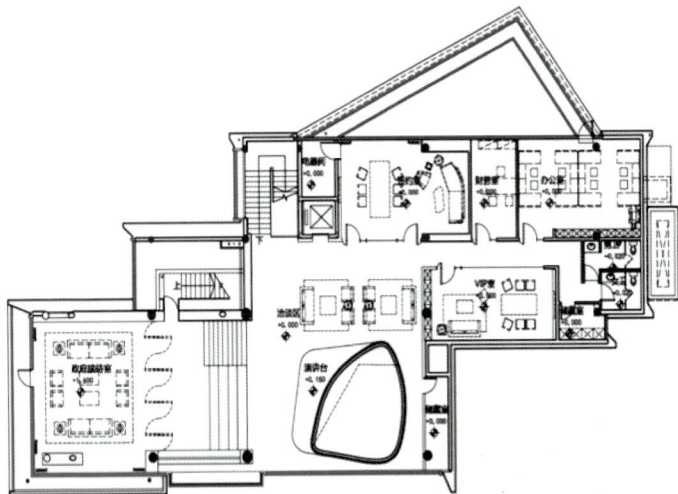

二层平面配置图

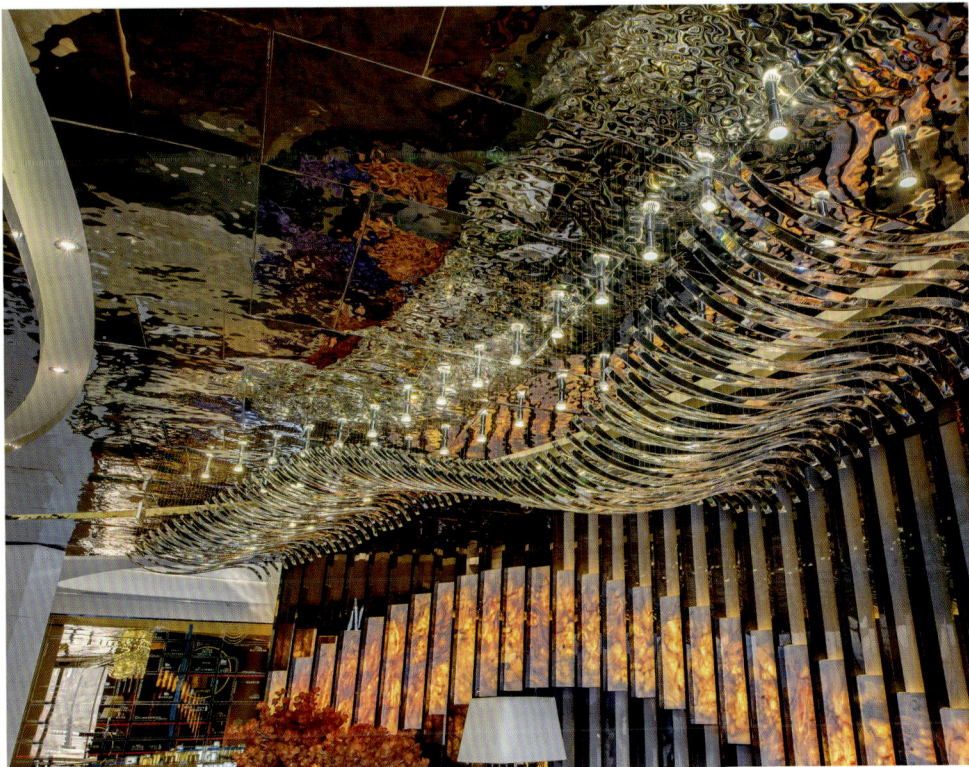

前厅玄关桌上方有序排列的水晶灯饰与背景墙面造型相呼应，营造出整体大型空间的视觉动线，似火焰又似波涛，灵动却不失沉稳。水晶条在灯点的照耀下使得整个入口处熠熠生辉，用极简的线条勾勒出庄重的华丽感。

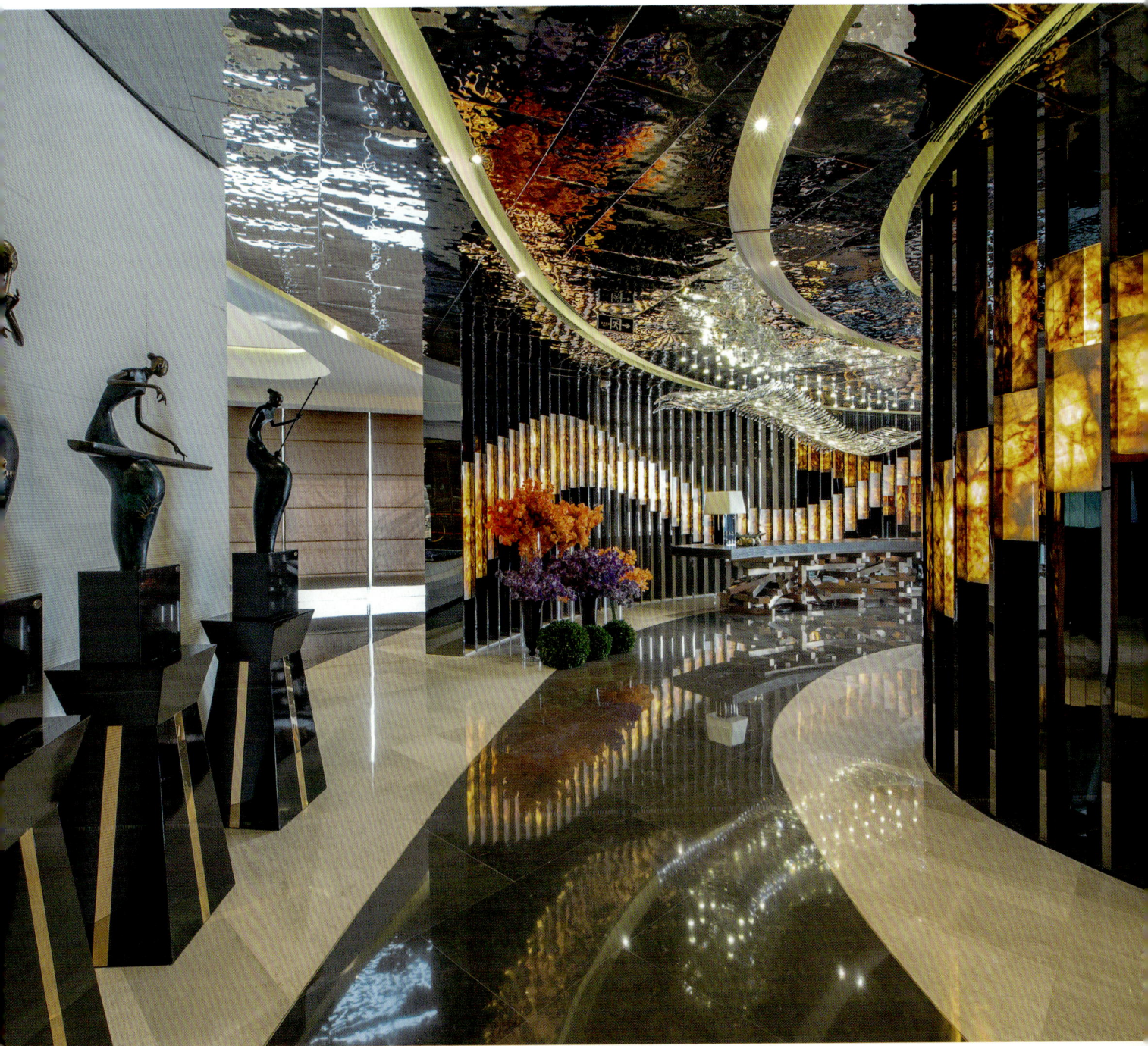

走廊处配备的古典雕塑与前厅的灵动氛围形成鲜明对比，似动却静，简单而优雅，赋予了整体空间浓浓的人文气息。

　　在一楼的两处洽谈室，空间中强化了色彩的运用，分别用充满春天气息的绿色和秋天气息的橘色营造出两种不同的视觉氛围。通过墙面的装饰画、布艺、花卉以及不同材质的强烈对比相互串联与衔接，使得洽谈室变得充满生机，气氛灵动活跃，对话空间的功能尽显。

　　模型区上方垂挂的水晶灯饰，很好地诠释了在大型空间用大型灯饰取代雕塑的意义，优雅有致的线条很好地平衡了顶层与下方的视觉高度，从穹顶倾泄而下的灯光在楼宇间如星辉般闪耀，摩登而庄重。

　　公共空间随处可见的花卉和绿植，不仅增添了生机，更是一种生活态度的传达，即使身处在密闭的空间，也可引入一草一木，人与自然的对话由此展开。

　　沿着楼梯步入二楼，由敞开的环境过渡到私密的会话空间，不难发现家具、饰品及色彩的搭配上增添了沉稳之感。相比一楼的家具，在造型上增添了许多包扣的设计，营造出更加浓郁的商业氛围。饰品的陈列也更加彰显华丽与庄严，从功能上与一楼做出了明显的视觉分区。

　　大型贵宾室中，墙面悬挂着精心设计的装饰画，用特殊的装裱方式省去了复杂的线条，为墙面保留整洁的视觉效果。将热情的红色演绎在皮质沙发、靠枕和饰品的装饰上，相互呼应，相互对比。整个贵宾室华丽而不张扬，彰显出现代人追求奢华低调的生活态度。

！ 项目总结：

　　好的设计应该是赏心悦目的，一看你就觉得很对、很舒服，情投意合。我们认为，可以因时因地、散发出自身原始生命力的作品，才是一件好的作品。具体在一个空间里，首先要选对产品、摆对位置、可以跟其他材质统一地放在一起，达到一种和谐的效果，让组合在一起的元素可以互动。

　　黄金分割法是我们做软装陈设时使用最多的手法之一，在重要的装饰处加上一个很小的点缀，让它有强弱、主次的对比。设计时，在不违背基本原则的前提下，再加上一些机动性的创意。很多基本元素是不变的，但会有不同的方法使它跳跃出来，所以需要大胆尝试。

　　设计师一般都存有惯性，跳不出常用的思维范畴，如比在色彩的运用上就是如此。此项目中，我们突破了一贯使用的黑白色系，运用了诸如鹅黄、绿色、紫色等很季节、时尚的色彩，把创新、摩登、保守融汇得恰到好处。

案例五：

项目名称：吴江绿地中心
设 计 师：简名敏
面　　积：2000 ㎡

　　本案作为后期将转型为大型会所的售楼处，崇尚现代奢华与舒适经典并存，设计中需要摒弃复杂的重叠，而每件主体性的家具和灯具都要极富造型和设计感，以达到其功能性的延续。

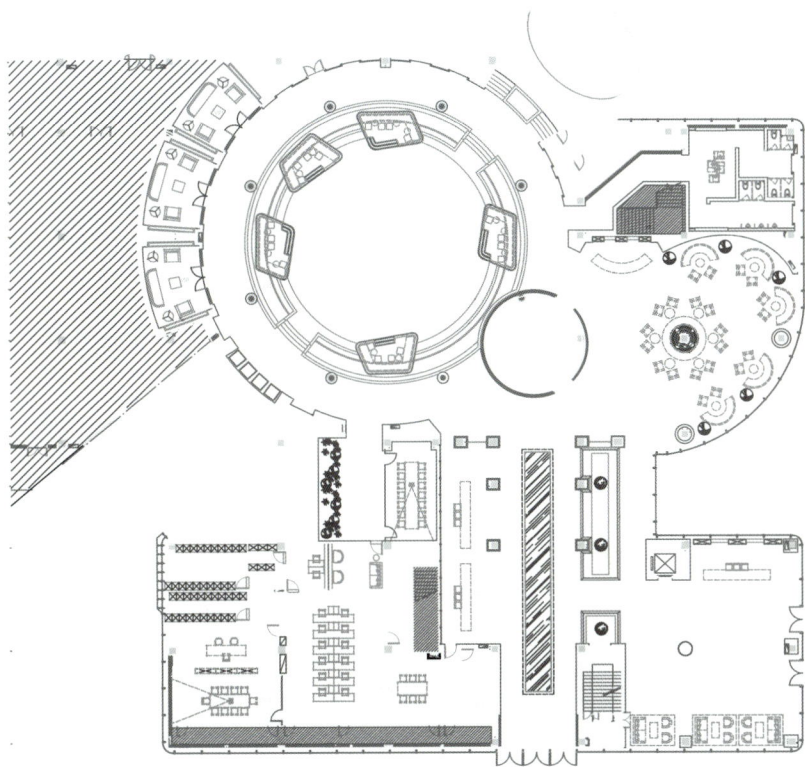

平面配置图

沿着水中的小路缓缓步入，在入口厅走道一侧，在低矮的喷泉上方垂挂翩翩水晶云朵，水与云似动却静，辉映成景，当身置其中，不觉中已经步入一幅现代山水画卷。

来到黄金树为中心的洽谈区稍作休息，围坐在树下的弧形沙发，用简单的线条勾勒出随性却舒适的氛围。沙发上配置的沉稳色系靠枕与家具和地面的颜色相呼应，不喧宾夺主，从而达到整体的视觉平衡。枝头悬挂的百合叶片为空间区域带来一丝柔美。

再往里来到中央大舞台，从穹顶悬挂而下的蝴蝶造型水晶灯在片片幕布的映衬下，使光与影的线条在蝴蝶的翅膀下产生律动，为整个静态的空间带来一丝灵性。屋脊缝隙间悄然泄下的阳光循序渐进，由深及浅，在周围舞台造型的掩映下更显温柔，张扬但庄重。

围绕着三间贵宾室设定了三个不同的主题，俏丽的橘色的 Hermes，经典的酒红色 Cartier，奢华的紫色 Fendi，通过结合品牌的经典色彩与材质变化营造出不同的氛围。置身其中，一杯一物皆是文化的交流与传承。

二层会客厅也是宴会厅，大型的灯饰塑造庄重之感，中西合璧家具造型更多地让人体会到文化的交融，而一刀一叉的摆放，都是西方餐桌礼仪的体现。墙上悬挂的平安大吉陶版画和玄关桌上的天地菩提雕塑是浓浓的古典中国情，中西文化在这里碰撞出强烈的火花。

！项目总结：

在项目进行的过程中，我们遇到了不少难题，如硬装条件不能满足软装进场、物品材质不同于预期、气温状况恶劣等，但最终在大家的齐心协作下都得到了有效地解决，团队精神充分地发挥是制胜的关键。每一个角落的软装工作都需要经过多次的磨合，坚持一颗乐观之心，最终会发现"山重水复疑无路，柳暗花明又一村。"

？如何打造现代简约风格？

① 要尽量多一点空间留白。

② 花艺花器尽量以单一色系或简洁线条为主。

③ 装饰品的材质多选择金属、玻璃等。

④ 家具造型简洁，色彩纯度高，强调功能性设计。

⑤ 床上用品的铺设，一般是非常简单的四件套，尽量使它的空间安静，而不会像欧式床上用品那般繁琐。

⑥ 线条尽量以直线、横线或律动线为主，尽量在有框架的设计内进行。

⑦ 装饰画可选抽象画，也可以在框架内有60%的留白，只用40%的位置来表达主题。

⑧ 材质选用上，例如靠枕如果是素雅的色彩，收边可以少用一些流苏、边带等装饰。

⑨ 色彩以单一色系为主，可高明度、高彩度，但一般不能太夸张。偶尔有夸张色彩加入，也必须在设计框架以内。

Chapter 4

第四章 节庆装饰
Festive Furnishing

我国法定的节日很多，加上民间以及外来的节日就更多了，比如我们中国最重要的"春节"和西方国家的"圣诞节"等。如今"节日"的概念有了新的变化，大凡有个活动即可命名为某某节，如旅游节、美食节、服装节等。因此，围绕着这些"节"举办活动、进行装饰，不论从内容到形式都非常丰富多彩。在节日中，无论在中国还是外国，人们运用不同的方式装扮着我们的生活，表述一种喜庆的气氛。

　　节庆装饰不仅能美化家居，更让我们懂得每一个节日的意义，人们依照不同的节日，选用与之相匹配的装饰物件来装饰空间。例如在中国春节，红灯笼是必备装饰品；西方圣诞节中，圣诞树则不可或缺。世界各个国家的传统节日往往都包含着家庭团聚的意愿，是维系家族情感的极好机会，同时节日隐含的文化很深厚，内在精神很丰富。

（一）节日装饰
Festive Furnishing

1 圣诞节（公历 12 月 25 日）
Christmas

　　西方人以红、绿、白三色为圣诞色，红色的有圣诞花和圣诞蜡烛，绿色的是圣诞树，上面悬挂着五颜六色的彩灯、礼物和纸花，还点燃着圣诞蜡烛。红色与白色相映成趣的是圣诞老人，西方儿童在圣诞夜临睡之前，要在壁炉前或枕头旁放上一只袜子，等候圣诞老人在他们入睡后把礼物放在袜子内。圣诞节目前在全球很多国家流行。

　　装饰元素：

圣诞树

圣诞袜子

圣诞红

铃铛

圣诞花环

圣诞帽

蜡烛

圣诞礼物盒

圣诞球

饼干

雪人

圣诞老人

装饰欣赏

窗帘上的雪花挂饰，摇曳的烛台泛着淡黄色的亮光，给寒冷的冬夜带来了丝丝温暖。窗台上摆放了银色驯鹿的装饰品，似乎在等待着圣诞老人的到来！

节日里，连餐桌椅也穿上了新衣，餐桌上还精心放置了具有浓郁圣诞氛围的"松果"，在这里享受一顿丰富的圣诞大餐一定是一件十分幸福的事。

虽然现代家居中很少有烟囱的设计，但我们仍旧可以靠自己的灵感来创造奇迹。地上随意洒落的礼物盒子，是不是让你也感受到童心未泯的乐趣？

2 春节（中国农历正月初一）
Spring Festival

农历春节，是中国人特有的一种节日。红色，寓意吉祥、活泼和热烈，是最适合庆祝春节的色彩。在春节时，给沙发换一套喜气的椅靠，挂两个中式灯笼，门口贴一对吉祥的春联等小点缀就可以让家居变得热情起来，给寒冷的冬天增添了几分温暖和情调。

装饰元素：

红包

招财进宝

年年有余

梅花

春联

爆竹

剪纸

中国结

灯笼

中式果盘

装饰欣赏

新年穿新衣，也给自己换一套新的床上用品吧。条纹与中式花纹搭配的红色床上用品，十分喜庆吉祥。

将背景墙设计成机具中国风格的大红色，"年味儿"十足。

家具虽然不能轻易的丢掉，但是可以通过坐垫布艺的变化呈现出不同的风情。传统的春节，大红色花纹的坐垫很能够烘托氛围。

餐桌是餐厅的主角，而餐具又是餐厅的主角。换一套带有红色底纹的餐具，恰巧与大红色灯饰契合，散发出低调奢华的独特魅力。

中国人的传统习俗就是春节期间在家门口悬挂红灯笼，表达对未来一年的美好期许。现今，在室内添上一盏别致的灯笼造型灯饰，让它照耀着全家人的幸福。

（二）季节性室内装饰
Seasonal Furnishing

1 春季
Spring

　　一年之计在于春，使用代表春天的色彩是营造某种氛围最好的切入点。我们在居室中增加代表春天色彩的面积比重，如绿、黄、白都比较能带来春天的感觉。可以将墙面的色彩重新粉刷，室内的视觉感受就会一下子变得明亮、轻快了。告别厚重，营造春色的同时适当在居室内摆放小巧的绿色植物，可以增添不少生趣。

餐厅的地毯采用华丽悦目的蓝色，预示着春天的到来。旁边摆放着落地花艺，使人们可以在此更加惬意地就餐。选择鲜艳、明亮或配有花朵图案的餐具厨具，用餐时用眼睛感受春天的甜美。

春光明媚，透光的客厅里，热情的天堂鸟也在迎接春天，即便在寒冷的地域，春季室外气温不高，但是利用具有春天气息的摆饰仍旧可以感受春天的到来。

布艺沙发在换季时也能大显身手。为沙发量身定制一身带有清新色彩的"新衣"，既可以带来春天的气息，又能制造出"常坐常新"的新鲜感受。窗帘布的缝制方式可尝试绑带式、环绕式、穿孔式或扣带式，增加室内的多样性。边几上摆设较大的室内阔叶植物，显得活力四射。墙壁上面悬挂一幅春季花卉图案的画作，又或者将窗纱换成淡蓝色，都是时尚而不花哨的装饰。

把盆景、盆栽作为室内的装饰品，具有独特的生活韵味。只要有足够的空间和适当的日照，这些花草就会令每一个角落都生机盎然。

明媚的春天里，颜色清爽的床上用品可以增添您对这个美好季节的感应。卧室的床上用品也十分应景地采用了蓝色元素，与配套的成组靠枕交相辉映。

在经常被忽视的卫生间里，也能拥有春的气息，比如摆放花草，可增添生机。当然，卫浴间的"换妆"也可从毛巾入手，毛巾具有极大的装饰功能，是非常好的装饰品。

2 夏季
Summer

夏天室外的温度正在逐日攀升，闷热得无力外出避暑，那就让我们在自家发挥创意，挥洒热情，用清淡的颜色为家穿上一件明快的外衣，感受一份清凉自在的居家惬意。

夏季的客厅建议选用浅色装饰，不仅耐看，还能让来到家中的客人有耳目一新的感觉，也能帮你消除一天奔波的疲劳。松软的海绵沙发不再受宠，给这些笨重的家伙换上清新的夏装，让视觉通透的玻璃茶几引领它们瞬间轻盈起来。房顶嫩黄色的灯带、白色的沙发背景墙，一切都充斥着淡淡的轻快感觉。

精美餐具的蓝色延伸出一片意向的海景，在现代感极强的餐厅里聆听海浪拍打，感受海风吹拂。

　　夏季的卧室宜保持简洁大方的造型，以及温和清爽的色彩，最大限度地提高其舒适度。背景墙的白色方格造型很简单，从视觉上给人以好感。

　　玻璃质地的洗手台，增加了空间的透明感和层次感，从视觉上起到了降温的作用。台面一盆娇艳的花卉，正是火热夏天的写照。

　　夏季的家居软装饰中，尽量多使用不锈钢、玻璃等冷感度较强的材质。

3 秋季
Autumn

清凉的秋季徐徐向我们走来。在这宜人的季节里，为我们的家居换装是一件惬意的事情。

芬芳的鲜花，不张扬却很明亮，与桌布的搭配非常和谐，温馨的感觉让时间定格于此。

色彩是家居换季最鲜明的音乐符号，红色、橙色等都是秋日饰品的首选颜色，颇有层次感的布艺令整个空间都生动起来。

随着夏季炎热的淡去，换上一床清爽温和的秋季床上用品，保证宜人的秋天里夜夜有个舒适美梦。洒脱硬朗的方格和条纹花式床上用品成为床上主角，橙色、紫色等冷色调也开始大行其道，用布艺将整个空间温情地包围，日渐而来的凉意被拒之门外，同时令家居更加多姿多彩。

4 冬季
Winter

在寒冷的冬季里，对居室进行恰当布置，可以让人从心理上感觉温暖如春。单调、缺乏装饰的室内显得分外寒冷，暖色的家居和软装饰的更换能让室内空间重新焕发冬季活力，点燃冰冷的空气。

冬季客厅软装采用一些靓丽的橘黄色和沉稳的大地色可感觉厚重、温暖。地毯是为客厅升温的不错选择，尤其是绒度高、柔软的厚地毯大大提升了客厅的厚重感。如果再想增添几分过冬的情调，那就换几款布艺吧，无论是小靠垫还是小桌布，布艺总是冬季居室的点睛之笔。为沙发增加几个暖色的抱枕也是一种非常好的增暖方法，抱枕既能满足视觉上的温暖需求，也有强化个性空间的装饰作用。

暖色调是冬日布艺窗帘的首选颜色，窗帘则是展现家居风格的重要元素之一。在面料方面，冬天宜选用质厚的绒线布，厚密、温暖的窗帘将外界的寒冷气息隔绝在外，室内自然变得温馨舒适。

和毫无装饰的白色墙壁比起来，黄色且带花的壁纸给人的心理暗示绝对是温暖的，柔软的居家空间从这一墙盛开的花朵开始营造。卧室里（尤其是床上）搭配暖装饰可以更加随意些，可直接使用暖色的床上套件来提升室内整体的氛围；也可在床上放一些淡色碎花的垫套，清新之中也透着团团暖意；还可以在床上铺设纯白的羊皮毯，高贵而温暖；抑或放置卡通变形的暖垫，给房间带来暖意的同时也一定会带来不一样的个性色彩。床尾蹬上放置托盘及花卉，可以延长房间深度的距离。

客厅里用庞大的沙发来制造暖意，再加上沙发扶手圆润的线条，的确能有软化气氛和空间的作用。弧型的沙发自然也需要搭配一个圆形的茶几，同样深沉的矮茶几与沙发相得益彰。灯光则是另一个制造温暖感觉的好武器，吊灯、壁灯、烛台一个都不能少，光的作用能使整个空间都沐浴在温暖的氛围之中。

Chapter 5

第五章 家具用品的保养与清洁

Maintenance and Cleaning of Furniture

（一）家具日常保养
Daily Maintenance of Furniture

1 不同材质的家具应该如何保养和清洁
How to Maintain and Clean Furniture of Various Materials

木质家具应放置在温湿度适宜的环境里，避免将饮料或过热物体放置在表面。污垢较多时，可用稀释中性清洁剂佐以温水先擦拭一次，再以清水擦拭，然后以柔软的干布擦去残留水渍，待完全擦净后，再使用保养蜡磨亮，蜡条可修补小刮痕。

皮制家具的一般保养只须使用干净、柔软的布料轻轻擦拭即可，如要清理顽固污垢，首先使用温水稀释的中性清洁剂先行擦拭，再以拧干的清水擦去清洁液，最后以干布擦亮，待全干后使用适量的皮革保养剂均匀擦拭即可。

布艺沙发的靠墙部位同墙壁要保留0.5cm的间隙，避免阳光直射，每周至少要吸尘1次，沙发垫每周翻转1次，使磨损均匀。当沾上灰尘等干性污垢时，轻轻拍去或用吸尘器吸净即可，成粒的砂土可用毛刷顺手向内轻刷。如沾到饮料，可先用擦手纸巾吸去水分，再以温水溶解中性洗洁剂擦拭，然后使用干净的软布擦干，最后低温烘干即可。

丝绒家具不可蘸水，应使用干洗剂，所有布套及衬套都应以干洗方式清洗，不可水洗，更不能漂白。如发现线头松脱，不要用手扯断，最好用剪刀整齐地将线头剪平。

钢制家具可使用软布擦拭，但避免使用粗糙、有机溶剂（如松脂油、去污油）或湿的布块擦拭，这些都是造成刮痕、生锈的主要原因。

2 餐厅家具如何保养和清洁
How to Maintain and Clean Dining Room Furniture

实木餐厅家具的最大优点在于其浑然天成的木纹与多变的自然色彩。由于实木是不断呼吸的有机体，建议放置在温湿度适宜的环境里，同时须避免将饮料、化学药剂或过热的物体放置在其表面，以免损伤木质表面的天然色泽。只有重视日常的清洁与保养，才能使实木家具历久弥新。

大理石餐厅家具清洁时应少用水，以微湿并带有温和洗涤剂的布块进行擦拭，然后用清洁的软布抹干和擦亮。磨损严重的大理石家具难以处理，可用钢丝绒擦拭，然后用电动磨光机磨光，使它恢复光泽；或者用液态擦洗剂仔细擦拭，再用柠檬汁或醋清洁污痕，但柠檬汁停留在上面的时间最好不超过2分钟，必要时可重复操作，然后清洗并弄干。

（二）床上用品保养
Maintenance of Bedding

1 床上用品根据其不同材质应如何洗涤和储存
How to Wash and Reserve Bedding of Various Materials

棉质面料柔软舒适，天然、无刺激性，防静电，透汗性好。需要以 30℃温水机洗，不可干洗，不可使用漂白剂洗涤，浸泡时间不要超过半小时，低温熨烫，低温烘干。

竹纤维柔软爽滑、吸湿透气、干爽舒适、抗菌保健，需以 30℃温水机洗，不可干洗，不可使用漂白剂洗涤，不能用高温水浸泡，水洗、机洗时不能甩干，不能用力拧干，洗

后在通风避光处晾干即可，不能在日光下暴晒，低温熨烫，低温烘干。

丝棉是一种绿色环保面料，具有优良的透气性、吸湿性、保暖性。需要以 30℃温水机洗，不可干洗，使用丝毛洗涤剂洗涤，不能使用含有生物酶的洗涤剂，水洗时不能甩干、不能用力拧干、不能在日光下暴晒，低温熨烫，低温烘干。

> **小贴士：**
>
> ● 亚麻产品洗涤时不能用力搓、拧（因为纤维较脆，易起毛，影响外观和寿命）。
> ● 棉、麻产品收藏时要注意保持环境清洁，防止霉变。
> ● 浅色和深色的产品要注意分开存放，防止染色、泛黄。有装饰附件的产品洗涤前一定要注意把花边、坠子等先取下，避免损坏。
> ● 白色真丝产品不能放樟脑丸或放在樟木箱内，否则会泛黄。
> ● 枕头除单孔纤维枕外，其他均可洗涤，但因其有厚度，一定要保证充分晾晒，使其完全干燥才不会影响再次使用。
> ● 枕头在平时最好使用枕套，免去洗涤的麻烦。

2 填充芯类床上用品该如何保养
How to Keep Filled Bedding in Good Condition

羽绒被芯由 90% 的白鹅绒填充，羽绒产品保暖性高，弹性强，蓬松度高，不板结，经久耐用。在清洁保养上，羽绒产品收藏要保持干燥、通风，防止受潮、受湿导致霉变，

适宜在通风良好且无阳光直射的地方晾晒，不可暴晒，若被污染，应送至干洗店干洗。

羽绒床褥的填充物为灰鸭毛片，具有很好的弹性和支撑力。在清洁保养时，需定时

晾晒杀菌，保持空气新鲜，床褥在使用一段时间以后一定要放在阳光下晒一会，但不宜暴晒。收藏时要放在通风良好及干燥的地方，防止受潮、受湿导致霉变。亦可适量放入防虫剂或带有香味的樟脑丸，切记不要密封。在包装上，因为床垫用毛片做填充物，所以不宜压缩。

蚕丝被芯具有轻盈、蓬松、柔软、顺滑、御寒和透气的特征。在保养上，蚕丝产品不宜水洗或干洗，如使用时沾上污渍，应局部清洗，并放置在通风良好的阴凉处自然风干，切记不宜暴晒，以1个小时左右的晾晒为宜。储存时放入防虫剂，不可使用樟脑丸，最好存放在透气性好的纯棉布袋里。

珍珠枕芯的填充物为天然珍珠和进口珍珠棉，珍珠棉的填充物柔软而有弹性，不板结，有美颜、保健的作用。在清洁保养上，内芯不可水洗，需经常晾晒。

3 床垫如何保养
How to Maintain Mattress

床垫在使用时去掉塑料包装袋，并保持通风干燥，避免受潮，定期翻转。新床垫在使用的第一年，每2~3个月正反、左右或头脚翻转1次，使床垫的弹簧受力均匀，之后约每半年翻转1次即可。使用品质较佳的床单，吸汗且舒适。保持清洁，定期以吸尘器清理床垫，但不可用水或清洁剂直接洗涤，同时要避免澡后或流汗时直接躺卧，更不要在床上使用电器或吸烟。不要经常坐在床的边缘，不要在床上跳跃。避免床垫长期暴晒，以免面料褪色。床垫颜色大多偏浅，使用前建议使用床笠防污。

4 蚕丝被如何保养
How to Keep Silk Quilt in Good Condition

蚕丝被的护理比较简单，但也不能忽视细节。蚕丝被日常存放需放在阴凉干燥处，平时只需经常翻拍被子，增加被子的蓬松度即可，切勿用力拍打，以免把蚕丝纤维弄断。为了更好地保养蚕丝被，延长其使用寿命，收藏时还应做到：先晾晒风干，再将被子折叠收藏；不可将樟脑丸等放置被内；存放于阴凉干燥处，上面勿压重物；用深色棉布包裹储藏，可防止蚕丝色泽变黄。

5 羽绒制品如何清洗和保养
How to Wash and Maintain Feather Down Products

羽绒一般不需要清洗，如沾上油污等污物，可使用衣用干洗精洗涤或送干洗店干洗。不宜水洗，水洗会降低羽绒的蓬松度，影响羽绒的保暖性能。使用过程中勿与硬、尖器物相摩擦，以免磨破或勾破面料，造成羽绒外溢。使用时需外加被套等外罩物，以保护羽绒被，并间隔 1~2 周定时翻晒，一般晾晒时间为 2~3 小时。存放前，必须先晾晒 2~3 小时，收回时拍打被子表面尘埃，并上下抖动被子，去除杂质，待被子放凉后再折叠收纳。将 1~2 粒防虫剂放入羽绒被中，然后外套一只塑料薄膜袋密封后，放置在阴凉干燥处。

6 羊毛、羊绒制品如何使用和保养
How to Use and Maintain Woolen Products and Cashmere Fabrics

羊毛、羊绒制品一般不需清洗，如沾上污渍确定要清洗时，请送干洗店进行专业清洗。定期在避阳处晾晒 30 分钟至 1 小时，就能达到杀菌、去湿的效果。为保证空气流通，要定期翻转羊毛被，当更换被罩时，保证羊毛被完全伸展。

羊毛被不需频繁晾晒，也切记不可暴晒，因为高温会使羊毛中的油分起变化，产生腐臭味，失去弹性以及引起韧性的下降。此类被子在通风处铺条床单晾晒 1 小时就可以了，待被子放凉后再折叠。将 2~3 粒防虫剂放入羊毛被中，外套一只具有一定防水汽功能及透气性的专用袋，放置在干燥处。被子存放时，上面切勿重压。

7 慢回弹枕如何保养
How to Keep Elastic Pillows in Good Condition

本品透气性好，若使用不透气的床垫或床板，就要经常晾晒，否则长期使用，头部汗气渗透枕头，易使枕头积汗发霉。不能水洗，以防回弹力消失，需勤换勤洗枕套。若温度过低产品变硬或温度过高产品变软均属正常现象，在室温下放置一段时间即可恢复。

8 天然乳胶枕如何使用和保养
How to Use and Maintain Pillows of Natural Emulsion

勤换勤洗枕套，防止枕套上的污渍染到枕芯上。收藏前，请不要在太阳下晾晒，应放在干燥通风处，并保持环境清洁防止霉变。

天然乳胶可能会有特别的气味，每个人对气味的反应不一，只要将枕芯放在通风的地方，数天后气味会逐渐消失。

（三）其他用品的保养
Maintenance of Other Articles

1 壁纸如何保养与清洁
How to Maintain and Clean Wallpaper

① 壁纸要按时间周期清洁维护。每2~3个月定期用吸尘器或鸡毛掸做表面的浮尘清理，每半年或一年做1次表面清洁。

② 壁纸要分不同材质保养。PVC胶面壁纸可先采用清水擦洗或无色的干净湿毛巾轻轻擦拭，如有明显污渍再选用中性清洁剂稀释后擦拭；天然材质的壁纸建议采用干的毛巾或鸡毛掸清洁；纯纸只能采用海绵或无色的干净湿毛巾轻轻擦拭，且要控制水分。

注意不要用椅背、桌边等硬物撞击或磨擦墙面，以免墙面被破坏。

2 不同材质的餐具如何使用和保养
How to Use and Maintain Tableware of Various Matcrials

① 陶瓷制品（Ceramics）。陶瓷制品属易碎品，保存时注意防震、防压、防撞。

不可用微波炉加热任何带有金属装饰的陶瓷制品。最好不要骤冷骤热使用陶瓷制品，以免产生裂纹或碎裂。

②玻璃水晶制品（Glass Crystal Products）。玻璃水晶制品要注意防重压、防摔、防高温、防强碱和强酸。提起时应抓紧底座或整体。储放时要事先在搁架上铺好垫布，并以底朝天的方式放好。如要长时间存放水晶制品，应避光保存。不要使用发泡胶纸或塑料袋。

③ 金属制品（Metal Products）。镀银产品如氧化，可用干净的细棉布湿沾一点牙膏轻轻擦拭，然后用干棉布擦干。银器使用后应尽早用温水加洗洁精清洗，用柔软的棉布擦干，存放在干燥且不含硫与烟气的地方。定期使用擦银布擦拭保养银器，必要时可使用洗银水。

④ 黄铜器（Bronze Products）。经常使用干燥、柔软的布料进行除尘。

⑤ 锡制品、铁制品（Tinwork/Ironwork）。使用肥皂水清洗，然后将其彻底干燥。

⑥ 筷子（Chopstick）。筷子最好专人专用。清洗筷子时，用洗洁精仔细搓洗筷子，沥干水后，再放入筷子筒，建议筷子最好每4 个月更换 1 次。

3 装饰画悬挂的注意事项
Attention for Hanging Decorative Paintings

① 避免日光直射（Avoiding Sunlight）。日光中的紫外线及光和热对纸质、色彩都会造成日积月累的伤害，尤以油画类最为严重。因此，尽量将画作悬挂在阳光直射区之外，以人造光源照明。当然这并不表示人造光源对画就完全无害，注意保持适当的距离，加装玻璃阻隔些光束为上策。

② 理想光源（Ideal Light Source）。白昼以太阳光为主，难以控制光源，夜晚画作照明则较为精彩，然而不管是日光或其他光，直接照射对画作都有负面影响，所以，建议以间接光源配合适量的直接光源使用，同时达到照明与保护画作的双重作用。

③ 灯具种类（Lamp Variety）。挂画的间接照明主要指色温低、灯光偏白的灯具，例如日光灯、PL 灯、节能灯泡，而直接照明则是属于色温高的白炽灯泡等。低色温的间接照明（色性偏白、蓝）与高色温的直接照明（色性偏黄、红）产生正常色感，忠实表现画作原貌。除了独立、辅助的间接与直接照明外，烛光照明是源于西方文艺复兴时的文化习性，不过东方人较少使用这类光源。此外，与画框一体成型的灯台与画作形影不离，直接照射，此类照明灯泡瓦数不宜过大。

④ 挂画角度（Angle）。为防止光射的侵害，采用挂画倾斜的角度是不花钱又省力的好方法。画与墙的夹角保持在 $\angle 15°$ ～ $\angle 30°$ 间，便可巧妙地将自射的光线、光点消除。

附录1：壁炉的风格
Style of Fireplace

分类 Classification	风格 Style	年代 Period	特征 Characteristics	代表图片 Illustrating Picture
早期风格 (Early Period Style)	文艺复兴风格 (Renaissance)	15世纪中叶至17世纪上半叶	中央灶台被壁炉取代，壁炉仍保留了和烟囱结构联系的内在特征。到了16世纪中叶，壁炉的形式越来越繁琐，壁炉炉灶上方有盾牌、成对的蔓藤等雕刻，侧面有古典样式。带镶嵌细工的木制、镀金框架的使用以及实用的装饰图案都强化了这一装饰风格。	
	巴洛克风格 (Baroque)	17世纪上半叶至18世纪上半叶	壁炉上出现了壁柱型的华丽檐口，后来在饰架上镶嵌镜子的壁炉成为一种时尚。壁炉也开始出现了罩板，可以在停止使用的时候防止气流流动。呈等边三角形的山花在壁炉顶端或在其基部的中间开一个缺口，缺口有时由脊饰来填充。	
	美国殖民地时期风格 (American Colonial Era)	17世纪初至18世纪后半叶	美洲丰富的木材是居民的主要燃料，壁炉的炉膛口比较大，适宜填木。壁炉的外饰面大多采用木材装饰，同时在木框中填充泥土和石膏。壁炉的装饰越来越精美，其上方的装饰与壁炉饰面形成一个整体。富兰克林发明的铸铁火炉开始使用。	
	美国乔治亚风格 (American Georgian)	18世纪初至19世纪初	壁炉是该时期装饰的中心，壁炉装饰出现了千变万化的图案设计。多采用大理石面板或木材，边缘装饰变得更加轻盈简洁。由于煤炭使用越来越广泛，新的煤炭炉架出现了。	

分类 Classification	风格 Style	年代 Period	特征 Characteristics	代表图片 Illustrating Picture
早期风格 (Early Period Style)	洛可可风格 (Rococo)	18 世纪	洛可可风格的明快、活泼常在一种平滑流畅和错综蜿蜒的形式中表现出来，这些元素都被运用在壁炉的设计上，壁炉的边缘装饰采用波状曲线，尽显奢华。	
近代风格 (Contemporary Style)	维多利亚风格 (Victorian)	19 世纪上半叶 至 20 世纪初	壁炉主要分为铸铁炉与烟囱及外框部分，外框部分一般采用大理石、石板或者木材制成，铸铁炉架已经可以直接嵌入到壁炉中。瓷砖开始流行。铸铁通风装置、炉床、炉壁和内炉框被浇注在一起，减少了危险，在节气闸的帮助下使得空气的供给得到控制。	
	工艺美术运动 风格 (Art and Crafts Style)	19 世纪后半页至 20 世纪初	金属炉架、柴架的装饰都与美学的主题有关，带有雕刻的巨大枕石制成的壁炉，装饰丰富的图案、柴架和壁炉浑然一体。	
	折中主义风格 (Eclecticism)	19 世纪后半叶至 20 世纪初	壁炉从纯功能性中解脱出来，具有更多的装饰性和象征作用。出现了炉罩，在降低能耗、减缓燃烧方面不断改进。壁炉内部普遍使用耐火砖制成的贴面板。	

分类 Classification	风格 Style	年代 Period	特征 Characteristics	代表图片 Illustrating Picture
近代风格 (Contemporary Style)	新艺术运动风格 (Art Nouveau)	19世纪后半叶至20世纪初	模仿大自然的草木形状和曲线，大量运用铁艺构件，简洁鲜明。壁炉的设计常常结合环境并配以架子和碗柜。大理石和仿石被运用在华丽风格的壁炉中，木制和铸造的壁炉常常使用陶瓷面砖。	
现代风格 (Modern Style)	现代主义风格 (Modernism)	20世纪20年代以后	在现代建筑中，壁炉已经不是家庭取暖的必要配备，而是成为一种配饰。壁炉的形式大大简化，多余的装饰几乎没有了。通常为简洁的长方形开口，炉床也是由简单的光滑石板构成，壁炉通常没有什么装饰花纹。	
	后现代主义风格 (Post-modern Style)	20世纪中后期	壁炉一度成为后现代主义显示才智和象征手法的最佳装饰。通过对古典元素的组合和变形，得到新的装饰效果。人们继续使用独立式壁炉和带烟囱的壁炉。装饰材料更加丰富。	
	高技派风格 (High-tech Style)	20世纪后半叶	设计中采用新技术，强调系统设计和参数设计，表现手法多样，充满科技感。壁炉外形采用简单的几何线条，外壳的材质多选用不锈钢或玻璃，壁炉在这里除了保留取暖的内涵，更多的成为一种人们对情感和形式的诉求，并与现代装修形式完美结合。	

附录2：世界窗帘流行年代表
Chronological Table of Curtain and Drape

风格 Style	年代 Period	代表图片 Illustrating Picture	风格 Style	年代 Period	代表图片 Illustrating Picture
意大利和法国文艺复兴时期 (Italian and French Renaissance)	1400~1649 年		英国巴洛克 / 早乔治亚时期 (British Baroque/ Early Georgian Era)	1660~1714 年	
美国早乔治亚时期 / 英国中乔治亚时期 (American Early Georgian Era/ British Mid-Georgian Era)	1714~1770 年		洛可可风格 / 法国路易十五时期 (Rococo/French Louis XV Era)	1730~1760 年	
法国新古典主义 / 路易十六时期 (French Neoclassicism/ Louis XVI Era)	1760~1789 年		英国新古典主义时期 (British Neoclassicism)	1770~1820 年	
美国联邦 / 新古典主义时期 (American Federalism/ Neoclassicism Era)	1790~1860 年		维多利亚时期 (Victorian Style)	1837~1920 年	

附录3：装饰花艺流行年代表
Chronological Table of Floriculture

风格 Style	年代 Period	特点 Characteristics	代表图片 Illustrating Picture
古埃及时期 (Ancient Egypt Period)	公元前 3000 年 ~ 公元前 332 年	花型对称而不柔和，简单，有次序且具几何规则性，常采用广口盆为花器，花材多选用水生植物。	
希腊及罗马时期 (Greek and Roman Period)	公元前 600 年 ~ 公元前 146 年与公元 28 年 ~ 公元 325 年	以具芳香与象征意义的花材为主，颜色则为次要，倾向鲜明的颜色。	
文艺复兴时期 (Renaissance)	公元 1400 年 ~ 公元 1600 年	色彩明亮、鲜艳，注重混搭；花形特色为金字塔形，左右对称；花器以陶、铜、大理石或玻璃等材料为主。	
欧洲巴洛克时期 (Europe Baroque)	公元 1600 年 ~ 公元 1800 年	不同品种和季节性的花卉，以深色为主；花形多为圆形、椭圆形和四方形；花器大而坚实。	
法国洛可可时期 (French Rococo)	公元 1715 年 ~ 公元 1774 年	以漩涡花纹、贝壳花样、不对称效果及淡彩为特征。花与花茎做成稍微弯曲的弧形及双曲线。采用明亮、淡雅的色彩，产生调和的感觉。	
浪漫主义时期（维多利亚时期） (Romanticism/Victorian)	公元 1830 年 ~ 公元 1901 年	大型、密致、使用大量花材，花束常用弓形或螺旋形花材，构造形状为圆形或椭圆形。花器以玻璃花器最受欢迎。	

年代	1550 年	1610 年	1620 年	1625 年
世界款式 World Style	哥特式 Gothic	哥特式 Gothic	哥特式 Gothic	巴洛克式 Baroque
英国 English	伊丽莎白一世时期 Elizabethan	詹姆士一世时期 Jacobean	詹姆士一世时期 Jacobean	克伦威尔 Cromwellian
法国 French	文艺复兴时期 Renaissance	文艺复兴时期 Renaissance	路易十三时期 Louis XIII	路易十三时期 Louis XIII
德国 German	文艺复兴时期 Renaissance	文艺复兴时期 Renaissance	文艺复兴时期 Renaissance	文艺复兴时期 Renaissance
美国 American	哥特式 Gothic	哥特式 Gothic	哥特式 Gothic	巴洛克式 Baroque

参考文献

[1] Stafford Cliff. The French Archive of Design and Decoration. Singapore: Harry N. Abrams, 2008.

[2] Francisco Asensio Cerver. Interior Design Atlas. Germany: Könemann Verlagsgeschaft, 2000.

[3] Charles T. Randall, Patricia M. Howard. The Encyclopedia of Window Fashions. America: Charles Randall Inc., 2002.

[4] Cristina Acidini Luchinat, Massimo Listri. Artistic Table Setting. Australia: Images Publishing Dist Ac, 2008.

[5] Sakul Intakul, Wongvipa Devahastin na Ayudhya, Luca Invernizzi Tettoni. Tropical Colors: The Art of Living with Tropical Flowers. Singapore: Periplus Editions (HK) Ltd, 2003.

[6] Philip van bost. Special Bloemschikken. Brussel: EPN International NV, 2009.

[7] Llse Merckx, Fanny Storms, Nadine Cornelis. Flower Inspirations. Brussels: Bart De Landtsheer, 2008.

[8] Stephanie Hoppen, Luke White. Perfect Neutrals: Colour You Can Live with. America: Watson-Guptill, 2007.

[9] Francisco Asensio Cerver. Charming Hotels. America: Watson-Guptill, 1999.

[10] Elizabeth McMillian. Living on the Water. America: Rizzoli Universe Promotional Books, 2007.

[11] Gillian Beal, Jacob Termansen. Tropical Style: Contemporary Dream Houses in Malaysia. Singapore: Periplus Editions (HK) Ltd, 2002.

[12] 恩斯特·雷特尔布施（Ernst Rettelbusch）. 欧洲古典装饰图案 1500. 大连：大连理工大学出版社，2008.

[13] Amy Sylvester Katoh, Shin Kimura. Japan: The Art of Living. Singapore: Charles E. Tuttle Company, 1999.

[14] 横山梦草. 池坊生花入门. 台北：台湾英文出版社，1980.

[15] 威廉·T. 贝克（William T. Baker）. New Classicists 新古典主义. 大连：大连理工大学出版社，2008.

[16] Margaret Dunne. Architectural Digest. York: The Condé Nast Publications, 2004.

[17] 张绮曼，郑曙旸. 室内设计资料集. 北京：中国建筑工业出版社，1991.

[18] 蔡仲娟. 中国艺术插花. 上海：上海文化出版社，1993.

后 记

    随着经济的发展、房地产行业的兴旺，室内设计师都希望能进行专业的软装设计学习，但却苦于求学无门，更没有一本可供参考的软装设计工具书。因此，在许多设计师同行的邀请下，我们结合多年的设计经验整理出了此书。

    本书在编写的过程中，得到了各界人士的大力支持，他们提供了丰富的资料，并给予了中肯意见，在此致以诚挚的谢意！由于书中收编的内容参考了众多资料，我们已与多个技术环节的内容提供者都取得了联系，对于未能联系上的，我们也准备好样书，请您及时与我们取得联系，我们将提供样书，并在此致以衷心感谢！

编者

2011 年 5 月

图书在版编目（CIP）数据

软装设计师手册 / 简名敏　编著 . —南京：江苏人民出版社，2011.7

ISBN 978-7-214-07098-2

Ⅰ . ①软… Ⅱ . ①简… Ⅲ . ①室内装饰设计 Ⅳ . ① TU238

中国版本图书馆 CIP 数据核字 (2011) 第 079213 号

软装设计师手册（修订版）

简名敏　编著

策划编辑	段建姣
责任编辑	刘　焱　段建姣
特约编辑	徐　娜
责任监印	穆林雪
装帧设计	陈凯欣
出版发行	凤凰出版传媒股份有限公司
	江苏人民出版社
	天津凤凰空间文化传媒有限公司
销售电话	022-87893668
网　　址	http://www.ifengspace.cn
集团地址	凤凰出版传媒集团（南京湖南路1号A楼　邮编：210009）
经　　销	全国新华书店
印　　刷	上海利丰雅高印刷有限公司
开　　本	889毫米×1194毫米　1/16
印　　张	15
字　　数	200千字
版　　次	2011年7月第1版
印　　次	2018年2月第2版第8次印刷
书　　号	ISBN 978-7-214-07098-2
定　　价	228.00元（USD38.00）

敬請雅賞指正

辛卯年乙未月甲戌日